景观手绘

21 天突破

手绘与快速设计

重庆塬澍艺术培训中心 编著

童涛 王成虎 主编

U0171712

华中科技大学出版社
http://www.hustp.com
中国·武汉

图书在版编目(CIP)数据

景观手绘：21天突破手绘与快速设计 / 重庆塬澍艺术培训中心编著 ；童涛，王成虎主编.
－武汉 ：华中科技大学出版社，2020.1(2024.8重印)
ISBN 978-7-5680-5761-5

Ⅰ．①景… Ⅱ．①重… ②童… ③王… Ⅲ．①景观设计－绘画技法 Ⅳ．①TU986.2

中国版本图书馆CIP数据核字(2019)第212118号

景观手绘：21天突破手绘与快速设计　　　　重庆塬澍艺术培训中心　编著
JINGGUAN SHOUHUI: 21 TIAN TUPO SHOUHUI YU KUAISU SHEJI　　童涛　王成虎　主编

出版发行：华中科技大学出版社（中国·武汉）　　　电话：（027）81321913
　　　　　武汉市东湖新技术开发区华工科技园　　　邮编：430223
出 版 人：阮海洪

策划编辑：张淑梅　　　　　　　　　　　　　　　责任监印：朱　玢
责任编辑：张淑梅　　　　　　　　　　　　　　　美术编辑：张　靖

印　　刷：武汉邮科印务有限公司
开　　本：787 mm×1092 mm　　1/16
印　　张：11.5
字　　数：156千字
版　　次：2024年8月第1版第3次印刷
定　　价：69.80元

前 言

设计为何？何为设计？这是我们首先需要探讨的问题。

现代汉语中的"设计"由"design"这个词翻译而来，"design"包含了"计划""目标""绘图"的概念。《现代汉语词典》将"设计"解释为，"在正式做某项工作之前，根据一定的目的要求，预先制定方法、图样等"。这种解释已经表明，设计是一种独立的人类活动，区别于原始人制作器物时的状态。设计是生产过程的内部因素，设计并没有从生产活动中脱离出来，原始先民在制作器物时的产品原型保留在生产者的头脑中。

随着科学技术的高度发展，人类新的社会需求不断产生，使得对产品的功能和形式的更新成为自觉的追求。设计便从生产的过程中独立出来，使设计不再为生产服务，而是生产为设计服务，使生产者根据设计师预先设计制作的图纸进行加工。景观设计作为设计中重要的分类，越来越受到社会和人们的重视。

绿水青山就是金山银山的科学论断是国家给予我们景观设计师的巨大机遇和挑战。

本书包含了景观快题设计中各个单元知识点梳理、重点难点及详细的设计步骤和优秀作品。这些表现技法和方案尽管还存在着或多或少的问题，但希望能通过本书的课程讲述与案例展示，让快题设计不再成为大家的困扰，使得大家的设计能力能够真正地运用到项目设计中。

最后要特别感谢为本书提供了珍贵资料，并参与编辑、整理、点评图纸的老师与同学：向倩岚、魏向宇、陈杰、李国涛、李彦妮、李博韬、黄富婷、张颖、黄侦、朱明洺、李兰、刘星豪、李佳琳、敬波、陈贵清、刘雯雯、常宏丹、龙雨丹、王媛媛、唐露月等。

目 录

第 1 章 手绘基础

1.1 手绘工具

铅笔、橡皮:用于画草图,勾勒大体轮廓,用 2B 铅笔易擦,痕迹明显。

签字笔:初学者可以选用晨光中性笔,这也是手绘最为广泛使用的签字笔。掌握一定技巧后可选择三菱、樱花等价格较高的针管笔,型号常用 0.3、0.5。

尺子:三角尺、平行尺、蛇形尺、比例尺等是构图过程中的辅助工具,在画图过程中常常用到,但是随着技法的提升,它们的运用会逐渐减少。

高光笔:用于提亮整体画面。可选用樱花牌的高光笔。运用得好就可以为效果图添彩,切忌运用过多,否则会使画面看起来零碎脏乱,且时间过长后会氧化发黄。

彩铅:适用于细节上色。选用辉柏嘉 36 色彩铅即可。

马克笔:景观手绘中上色的主要工具。推荐使用 FANDI 的马克笔,在马克笔部分会专门介绍。

拷贝纸、硫酸纸:均有半透明特性。拷贝纸较薄、易破损、一般作为草图纸;硫酸纸相对更厚、硬且透明度更高,上色时不易弄破,在快题中运用得较为广泛。

1.2 基础线条及体块练习

握笔姿势:按照平时个人喜好握笔,但注意握笔要轻,这样才能在手绘过程中运笔比较随意。

线条:线条是一整幅图的基础,熟练掌握线条成为打实基础的重中之重。线条中最需要掌握的便是直线,直线分为软线和硬线。

软线:运笔速度较慢,容易掌握直线的方向并及时做出调整。

硬线:快速起笔收笔,相对难掌握,需要大量的练习。

硬线：起笔收笔快

扫线

软线：自然抖动

软线处理的竖线　硬线处理的竖线　硬线断线处理的竖线

常用的练习方法

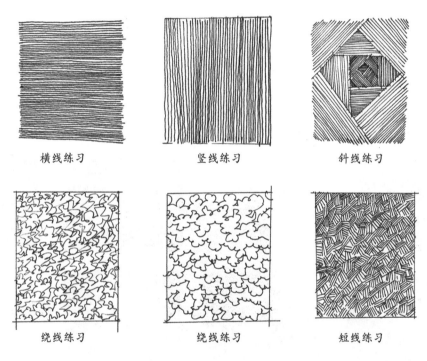

横线练习　　　　　竖线练习　　　　　斜线练习

绕线练习　　　　　绕线练习　　　　　短线练习

常见的体块练习

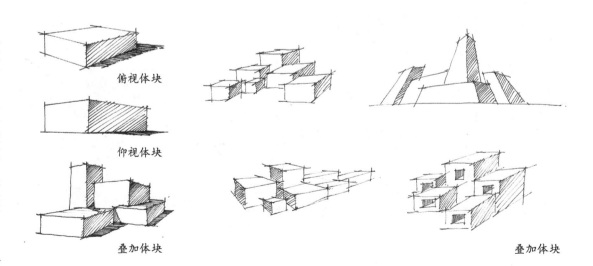

俯视体块

仰视体块

叠加体块　　　　　　　　　　　　　　叠加体块

趣味线条变化练习

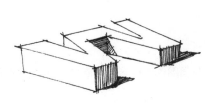

注意观察 W 的阴影关系

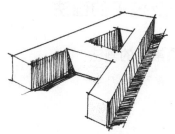

注意观察 A 的阴影关系

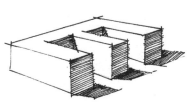

注意观察 E 的阴影关系

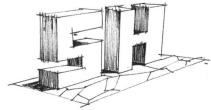

注意观察竖向字母及纹路

第 2 章 景观植物表现技法

2.1 树冠轮廓线及枝干的画法

2.1.1 树冠轮廓线最常见的画法

树冠轮廓的勾画，常用的有云线、几字形树线、针线等，在画图的时候根据不同植物的特征选择适合的线形完成植物的表现。

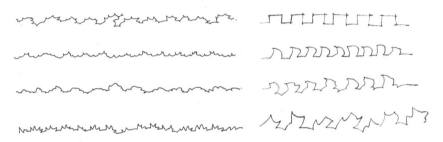

2.1.2 树枝的画法

树枝在表现时要避免出现平行形态和"鸡爪"造型，要注意前后左右的变化和树枝间错位的变化关系。可以将其理解为字母中"y"的造型。

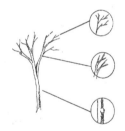

2.1.3 树干的画法

画树先画树干，树干是构成整棵树的框架，注重枝干的分枝习性，合理安排主干与次干的疏密布局安排。

2.1.4 树干示例

2.2 灌木单体及组合练习

2.2.1 普通灌木

在描绘灌木轮廓时，可以用球体及其组合来表示，其阴影也可以参照球体的素描调子来体现，分为亮面、灰面和暗面。在实际表现中线条可以相对自由随性，其轮廓边缘可用锯齿线来表达，适当表现出凹凸不同的层次感。

（1）单个灌木

（2）多个灌木

（3）灌木示例

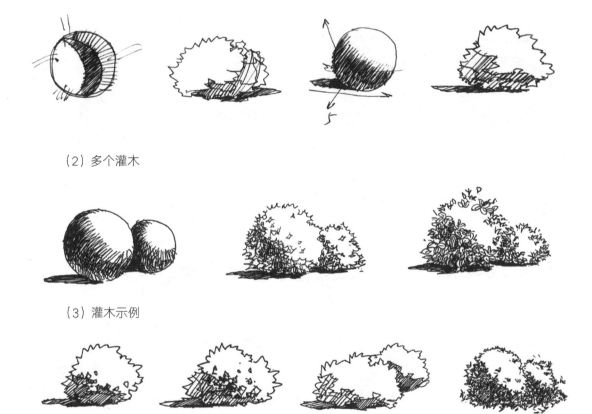

2.2.2 绿篱

绿篱一般由灌木或者小乔木以近距离的株行距密植，是植株紧密结合的规则式种植形式，在园林景观中一般起隔离、防尘、装饰的作用。由于其一般具有一定的长度和宽度，因此在效果图中的表达一定要注意空间透视，以及明暗关系的处理。

2.3 乔木单体及组合练习

乔木类植物可以分为树冠、树干和树枝。表现时要把整体看作一个"蘑菇"造型，抓住树冠是一个球体的概念，注意亮部和暗面的区别，亮部可进行大面积的留白处理，而将笔墨重点放在明暗交界线的处理上。

不同类型、属性的乔木拥有多样的外形轮廓，在日常景观设计中，其形体多为塔状、梯形、椭圆、伞状、球状。练习初期，可利用植物线，按照简单的几何形体关系绘制出乔木的基本外形轮廓，成形后再画细节，简单方便。

1. 单团型

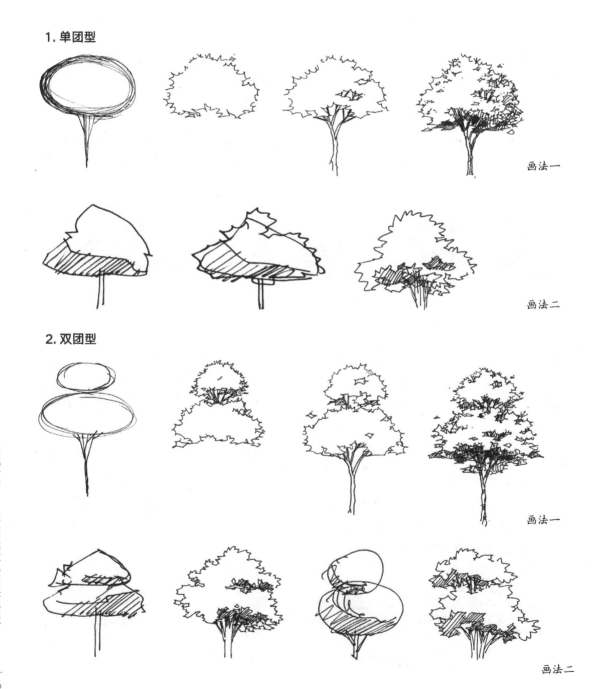

画法一

画法二

2. 双团型

画法一

画法二

3. 多团型

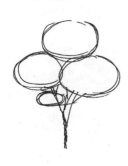   

画法一

画法二

4. 梯形

5. 三角形

6. 乔木示例

第2章 景观植物表现技法

◎注意明暗关系，分清受光面与背光面，留出反光区域。

◎植物形态丰富且复杂，不可能做到完全写实，要学会对植物的外形进行概括，且线条要自然，不能过于僵硬。

◎画树冠时要注意虚实结合，可适当留出空隙，看起来更自然。

2.4 棕榈科植物单体及组合练习

棕榈科植物一般在亚热带和热带地区生长，如椰子树、棕榈等。因其形式感强烈，故在景观效果图中，棕榈科植物往往可以起到丰富图面的效果。

2.4.1 棕榈叶

针叶状的叶片可用连续三角线来表现。刻画连续三角线时下笔要轻，三角尖端可用渐变的方式调整方向，把握微弧线感，切记不可画成坚硬锯齿状，否则就表现不出棕榈树的树叶质感。基础较弱的同学可用短线的方式来表现。

2.4.2 棕榈枝干

一般情况下棕榈树树干下细上粗，在果实处储备营养，树皮厚实，皮上纹理纹路较多，多为弧线、交叉纹、菠萝纹及碎石纹等，其树干相对高大粗壮。

2.4.3 步骤图

画法一

画法二

画法三

画法四

画法五

第 2 章　景观植物表现技法

9

◎棕榈科植物，要格外注意叶片的画法，由根部到尖部由宽变窄的渐变处理，以及叶片张扬外散的形态。注意不同方向叶片的不同画法。

◎树干的处理一般以横向纹理为主，由上至下逐渐虚化，形成自然过渡。

2.4.4 棕榈示例

2.5 草本植物及水生植物手绘练习

2.5.1 草本植物

在草本植物的表现中，最重要的是要注意叶子与叶子之间的穿插与转折的关系。在刻画叶子最密区域的时候，一般要用虚画的方式。在根部与地面的交界处可植入一些碎石或小草，使之衔接自然。注意以下方面：

①草的简易表达；

②叶片类型；

③草皮一般为大面积的区域，重点是抓住前后的虚实关系，不宜画得过满、过细；

④叶片方向（下垂状态、平行状态、上扬状态、正常状态）。

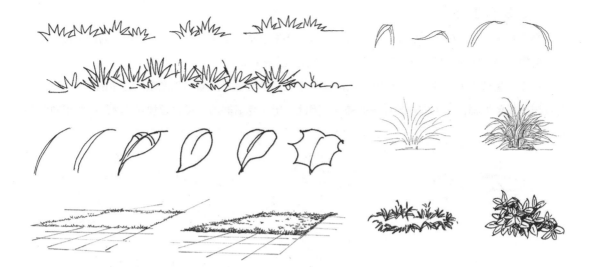

2.5.2 观赏性草本植物

这些植物的重点在于叶子特殊，使得其具有很强的观赏性，尤其是天南星科植物，因其独特的叶子在手绘景观中运用广泛。

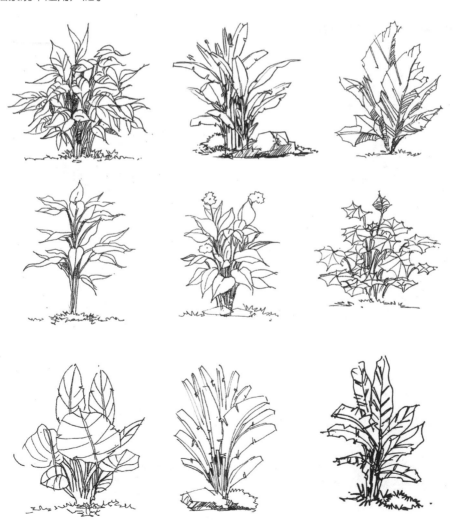

2.5.3 水生植物

能在水中生长的植物，统称为水生植物。根据水生植物的生活方式，一般将其分为以下几大类：挺水植物、浮叶植物、沉水植物和漂浮植物，以及湿生植物。

在画水生植物的线稿时，一定要注意植物与水之间的结合。用横向笔触来表达水的波纹，底部进行适当的重色处理。水生植物叶片一般较薄，因此，用马克笔刻画时尽量要快速，颜色也要相对透彻一些。

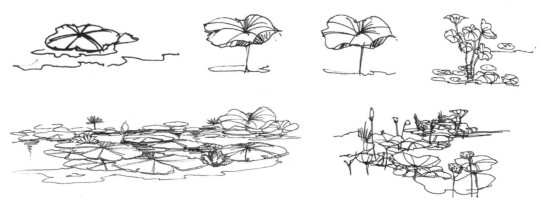

2.6 乔、灌、草组合练习

2.7 山、石、水单体及组合练习

2.7.1 山与石

1. 山与石的表现手法

石头的表现方式有两种,分别为"硬石头"和"软石头"。

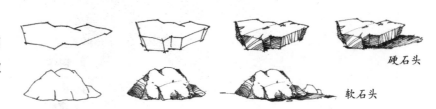

硬石头

软石头

◎先刻画出石头的平面,要注意前后的透视关系,切忌画"飘"。

◎丰富石头的立体感,注意刻画石头的棱角,在石面上可适当加一些裂纹来增强真实感。用笔干脆,线条硬朗。

2. 石头的几种基本形态示例

画法一

画法二

画法三

画法四

画法五

画法六

3. 石景示例

2.7.2 水体

1. 水体的表现方法

（1）静水的表达

"静水"一般是指静止的水面，如平静状态下的水池、湖面等。在刻画时注意以下方面。

水纹线的表达，静态水面的波纹线应画得平缓 　　物体在水面的倒影要与实物相称，且线条要相对稠密

（2）动水的表达

"动水"一般是指跌水、喷泉等处于活跃状态的动态水体，动水往往可以为效果图增色。

在刻画动水时要注意以下几点：

①要把握好水的流向和力度；

②动态水流的线条要简单利落，不能太过繁杂，注意疏密关系；

③动水的刻画要注意与周围的景观元素相配合，如山石、道路、景墙等。

2.7.3 山水组合

1. 跌水景观

示例一

①勾勒出基本线稿　　②画上植物、石头　　③画出跌水，加上阴影

示例二

①勾勒出石头的基本外形　　②添加植物，上墨线，加阴影　　③用流畅的线条塑造跌水造型

2. 跌水景观示例

2.8 亭、廊、花架手绘表现技巧

亭、廊、花架、桌椅、景墙、雕塑是常见的几种景观构筑物。在景观效果图中，景观构筑物的表达会使整个画面更为丰富且更显人性化。

在表达这些景观构筑物时，要注意以下几点：

①要在景观构筑物的透视关系上更为严谨，并且注意空间尺度和实用性；

②要注意其与周围景观元素的配合，要"合理"表达；

③着重处理明暗关系。

2.8.1 亭

亭（凉亭）是中国的一种传统建筑，源于周代。多建于路旁，供行人休息、乘凉或观景用。亭一般为开敞性结构，没有围墙，顶部有六角、八角、圆形等多种形状。由于造型轻巧，选材不拘，布设灵活而被广泛应用在园林建筑之中。

示例一

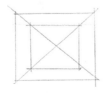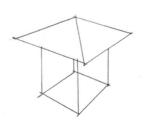

示例二

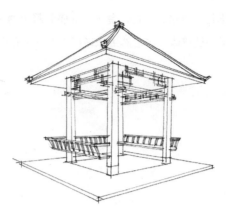

示例三

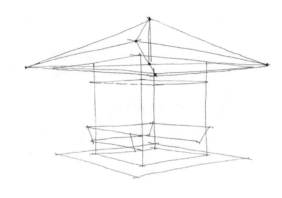 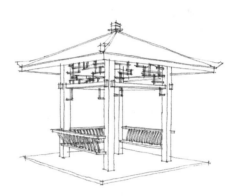

示例四

示例五

2.8.2 廊、花架

以防腐木材、竹材、石材、金属、钢筋混凝土为主要原料添加其他材料建造而成。供游人休息、景观点缀之用的建筑体，与自然生态环境搭配非常和谐。

示例一

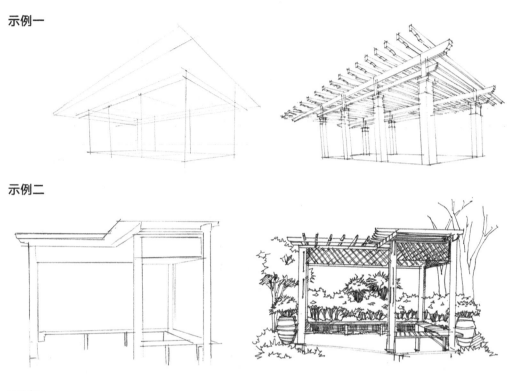

示例二

示例三

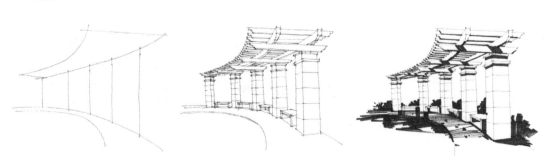

示例四

2.9 人、车、景墙手绘表现技巧

2.9.1 人物

人物在效果图中可以起到拉开空间和区分虚实的重要作用，既能迅速拉开前、中、后景的层次，又可以快速反映周围环境的尺寸关系，能起到丰富空间和活跃空间氛围的作用。人景结合，更体现出景观所起的烘托作用。

细致人物的画法：细致人物的刻画，一般用于效果图中的近景人物的描写，起到丰富画面的作用。

2.9.2 车

先根据汽车的比例关系画出基本体块，再画出轮廓线，注意转折交接的地方。

2.9.3 景墙

景墙是中国古代园林建筑中常见的小品，其形式不拘一格，功能因需而设，材料丰富多样。除了在园林中作障景、漏景及背景外，景墙还被视为建设城市文化、改善市容市貌的重要方式。

第 3 章 马克笔表现技法

3.1 马克笔的准备及使用技巧

3.1.1 马克笔介绍

马克笔一般分为油性马克笔和水性马克笔。

油性马克笔：耐水，耐光，挥发快，用途广。

水性马克笔：亮丽，清透，明感，蘸水有水彩效果。

我们一般推荐使用油性马克笔。马克笔品牌众多，如美国三福、犀牛，韩国 TOUCH，德国 IMAK 等，大家可以自行选择。

马克笔笔头介绍

如果想运用好马克笔，就要先了解马克笔的笔头构造。笔头分为细头与宽头。细头主要绘制细节、勾边等精细区域；宽头主要用于大面积铺色。细头绘制出来的线条较为单一，宽头可以随着笔头与纸面夹角的角度变化而变化。

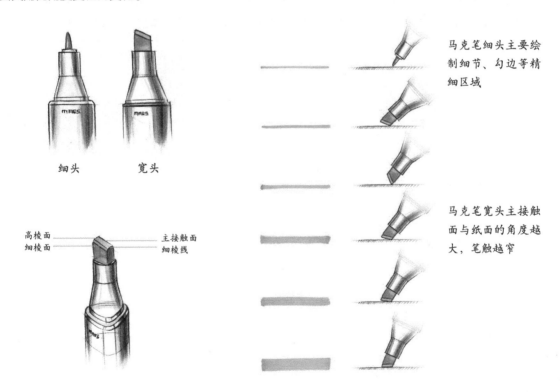

细头　　　宽头

高棱面　　主接触面
细棱面　　细棱线

马克笔细头主要绘制细节、勾边等精细区域

马克笔宽头主接触面与纸面的角度越大，笔触越窄

3.1.2 马克笔笔触的运用

在练习使用马克笔的时候，前期可使用排线的方式进行：从左到右或者从上到下进行快速、均匀排列，排列时中间不能有停顿，不能出现空隙。这种排笔的方式只适用于大的块面和方体的形态。当遇到大的曲面，无法进行排线的时候，可以用扫笔的方式来处理，扫笔时尽量不要出头，可以趁湿让两种笔触融合在一起。

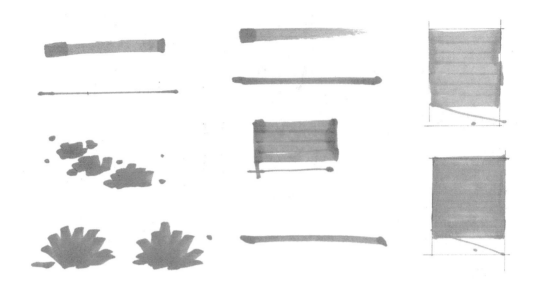

1. 马克笔排笔渐变练习

马克笔排笔渐变的练习方法是使用马克笔排笔时，根据马克笔的深浅变化来表达光影关系。在练习渐变时，马克笔走笔一定要由浅入深，先用最浅的马克笔进行排笔，然后用较深的马克笔，依次类推，形成一种光影渐变关系。马克笔的特性之一就是深色可以覆盖住浅色，但是浅色是覆盖不了深色的。

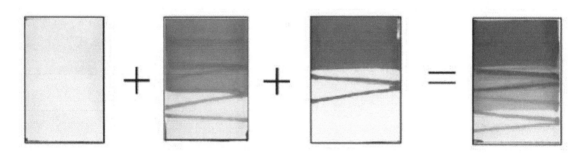

2. 马克笔扫笔练习

扫笔一般用于画面边缘的过渡，以草地边缘的过渡最常见。

3. 马克笔揉笔带点练习

揉笔带点常常运用在树冠、草地、云彩等景物的绘制中，它讲究柔和，过渡自然。树冠的灰部与暗面的过渡，草地、云彩的灰暗面过渡都运用这种笔触。

3.1.3 马克笔绘制技巧

在马克笔走笔练习中，可以干、湿画法同时进
行。干、湿画法可以用于不同的材质表达。

1. 干画法

干画法在画的时候可以进行短暂停留，需要等
前面的笔触干透之后再进行叠压过渡，这样会呈现
很强的块面感，笔触和笔触之间是有空隙的。

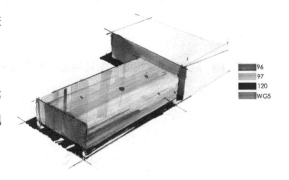

2. 湿画法

用湿画法表达时，不需要等前面的笔触干透，而是在笔触湿的时候让它们融合。它表达的物品更
加细腻，材质更加逼真，比如表达一些不锈钢材质和橡胶材质，这些材质过渡平缓，明暗对比很缓和。

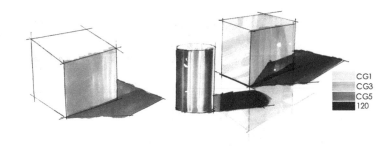

3. 干湿结合画法

有时候，景观表达需要干、湿画法同时运用。运用干湿结合画法，只需要记住两者的重要区别即
可，即是否需要趁湿叠加。

3.1.4 在使用马克笔时需要注意的事项

（1）马克笔上色的用纸选择。一般选择吸水性较差，纸质结实光滑的纸张来作画，比如纸张克
数较高的马克笔专用纸或者白卡纸等。

（2）马克笔的两端一般分别为粗头和细头。粗头的一端可以通过控制其倾斜角度来控制笔触线
条粗细的变化。细头的用处不多，一般用于某些细节的着色。

（3）在运笔时切忌速度过慢，以及不必要的停顿，否则会造成洇水过多、颜色深浅不一的后果。

3.2 景观植物马克笔上色表达

3.2.1 绿篱

素描关系在景观效果图中的运用是非常广泛的,下面以绿篱、灌木为例,详细讲述素描关系与景观效果图的联系。

素描的五大调子分别为明暗交界线、亮面、灰面、暗面和反光。投影是物体与物体之间产生的关系。素描的三大面为黑、白、灰三部分。

黑、白、灰,即暗面(背光面)、亮面(受光面)、灰面(侧光面)。在调子的区分中,要把这三大面拉开,三大面中背光面的调子最重,其次是侧光面,最浅的是受光面。若和投影相比,投影的调子要比暗面重,如下图所示。

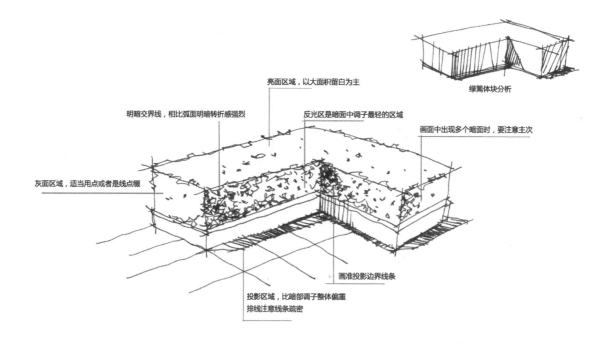

绿篱体块分析

亮面区域,以大面积留白为主

明暗交界线,相比弧面明暗转折感强烈

反光区是暗面中调子最轻的区域

画面中出现多个暗面时,要注意主次

灰面区域,适当用点或者是线点缀

画准投影边界线条

投影区域,比暗部调子整体偏重
排线注意线条疏密

3.2.2 灌木

球体的调子与体块的素描调子类似,不过球体所产生的素描调子更为光滑、圆润,因此调子与调子之间的过渡要做到均匀、缓和,也就是亮面、灰面和暗面调子之间的穿插要有序进行。其中调子最重的仍为暗面。

下面左图中有两个球体,画后方球体的作用是用其暗面强化、突出前方球体的亮面,这是景观效果图中常用的明暗对比手法。

下面右图是将圆形球体素描关系理论运用到实际灌木的表现,在实际表现中线条可相对自由、灵活。植物的生长是随性的,因此植物边缘可用不均匀的回形线进行刻画,适当表现出凹凸不同的层次。

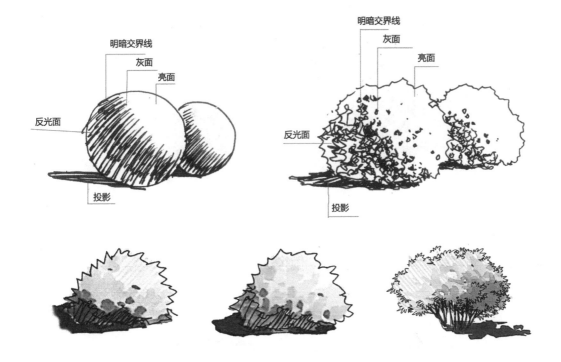

3.2.3 小乔木及高大乔木

在刻画小乔木及大乔木时,可以把它想象成大小不同的球状体,这样植物就有了圆润感和空间感,然后进行边缘描绘,这样可以让画面更加有立体感。在枝干与树冠相交的地方可进行重色调强化,注意离这个区域越远,重色就越弱,用线上可由密到疏。

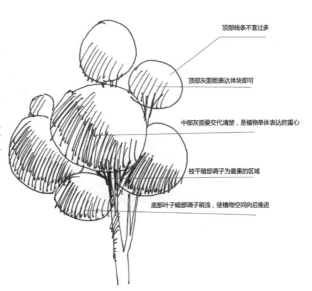

顶部线条不宜过多

顶部灰面能表达体块即可

中部灰面要交代清楚,是植物单体表达的重心

枝干暗部调子为最重的区域

底部叶子暗部调子稍浅,使植物空间向后推进

1. 乔木上色步骤图

示例一

①完成植物线稿

②用 27 号马克笔上底色

③用 167 号马克笔进行颜色叠加

④用 187 号表现暗面部分，再用高光笔提亮

示例二

①画出植物线稿

②用 31 号马克笔上暗面部分

③用 25 号马克笔进行颜色叠加

④用 27 号马克笔画亮面部分，给枝干上色和加阴影，用高光笔提亮

示例三

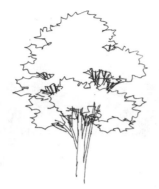

①画出植物线稿。

②用 11 号马克笔上底色。

③用 10 号马克笔进行颜色叠加

④用 93 号马克笔上暗面部分，给枝干上色，用高光笔提亮

3.2.4 其他植物

1. 棕榈

棕榈科植物上色与其他植物的上色方式类似，首先要处理整体空间的明暗关系，切忌一开始就从局部入手处理植物每一片叶子的形状、颜色。由浅入深、跟随结构来处理，随着叶子的方向走势，完成笔触。若亮色为冷色，则我们可以在暗面适当地增加相对应的暖色；若亮色为暖色，则我们可以在暗面添加相应的冷色作为对比。

示例一

①完成植物线稿

②用 48 号马克笔画出蒲葵树的亮色部分，再用 47、43 号马克笔刻画出暗面部分

③用黑色马克笔画出阴影，再用高光笔提亮

27

第 3 章 马克笔表现技法

示例二

①完成植物线稿

②用195号马克笔画出亮面部分

③用38号马克笔画出暗面部分，再用高光笔提亮，最后配景上色

示例三

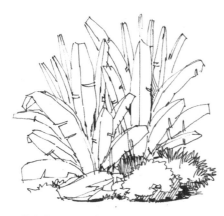

①完成植物线稿

②用21号马克笔画出亮面

③用167号马克笔画出灰面中的色彩关系

④进行细致刻画，添加重色，使植物更为立体

2. 草皮

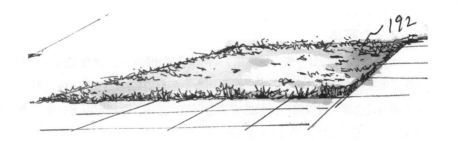

3. 草本植物

在草本植物的表现中，最重要的是叶子与叶子之间的穿插与转折。笔者把这类型的植物归纳为上中下及左中右。上中下是指上端的植物叶子较细，中部的叶子比较粗壮，刻画时要适当留出虚面，下半部分的叶子由于老化，一般朝地面的方向转向；左中右则指要注意叶子与叶子之间的穿插与转折，若碰到有穿插的地方，尽量用断线，使虚实关系更为明显。在刻画叶子最密区域的时候，一般要用虚画的方式，即表达"少即是多"。

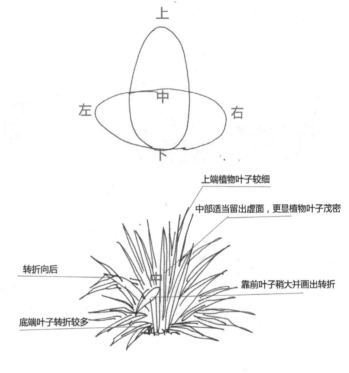

上端植物叶子较细

中部适当留出虚面，更显植物叶子茂密

转折向后

靠前叶子稍大并画出转折

底端叶子转折较多

4. 水生植物

在画水生植物的线稿时，一定要注意植物与水之间的结合。用横向笔触来表达水的波纹，底部进行适当的重色处理。水生植物叶片一般较薄，因此用马克笔刻画时尽量要快速，颜色也要相对透彻一些。

3.3 景观配景马克笔上色表达

3.3.1 石体

给石头上色时，要分清冷暖颜色，先用浅色铺出固有色，然后逐渐叠加深色。若石头本身是暖色，可在反光处适当点缀冷色，石头的投影用冷重色刻画，反之则用暖色。石材亮面可以不按照石头的结构方向进行排笔，可以用马克笔的宽头进行竖向排笔，这样可以使光感显得更加强烈，高光处可用白色涂改液适当点出来，切记不要用得太多，否则会使画面显得凌乱、花哨。石材亮面的周围可适当加入周围环境，加强对比，使画面更加丰富活跃。

1. 石头的基本画法

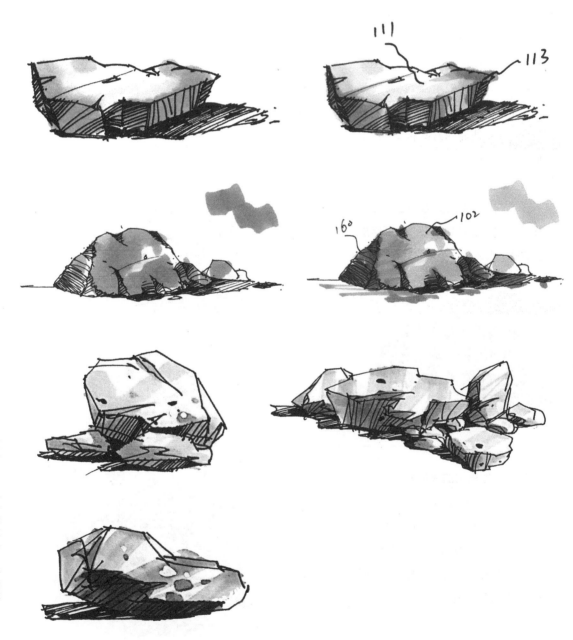

2. 特色石头画法

3. 石景

3.3.2 水体

1. 静水

水面要画出高光部分。

水面要画出高光部分

2. 动水

下笔要流畅，不能出现顿笔。

3. 涌泉

要适当留白，注意停顿。

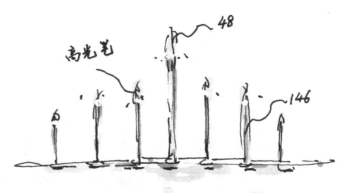

4. 跌水

往下运笔的时候，速度要快，并且要画长一点。

3.3.3 亭、廊

马克笔表达之所以能够出彩，是因为它的精髓在于表达光影。光影处理得漂亮能够为画面锦上添花。亭子和廊架的结构特征是有很多镂空之处，通过光影的表达会使其整个结构显得更加生动有趣。

示例一

①画出亭子线稿

②用12号马克笔画出亭子的基本固有色

③用WG3、157号马克笔画出亭子的暗面部分，最后加上阴影

示例二

①用70号马克笔画出亭子的亮面

②用95号马克笔画出木材材质的一些变化

③用WG5号马克笔强调亭子暗面部分，再用CG3、CG5号马克笔给地面上色，最后用高光笔提亮

示例三

①完成廊架线稿

②用201号马克笔给廊架顶部上色

 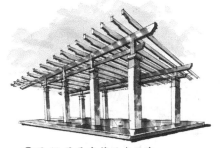

③用90、95号马克笔强化廊架暗面，CG3号马克笔给柱子上色，WG5号马克笔给地面上色，最后使用98号马克笔加深阴影

④用48号马克笔画出天空

3.3.4 小品

1. 种植设施

种植设施通过人工艺术将同期开放的多种花卉或不同颜色的同种观花、观叶植物集中在一起,形成有鲜艳色彩或华丽图案的一种集约式栽植,以发挥群体美,是绿地花卉布置中最精细的表现形式。种植设施主要分为树池、花池、花钵、种植盆箱、座椅花树池和其他具有主题性质的种植设施等。

2. 景墙

在景观设计中能够有效体现设计风格、理念等。景墙随着地域材料或设计师理念的不同,形式千变万化,肌理效果也不同。

第 4 章 空间透视效果图表现技法

4.1 透视基本理论概述

4.1.1 透视原理

最初研究透视时，是采取透过一块透明的平面去看景物的方法，将所见景物准确地描画在这块平面（透视面）上，即形成该景物的透视图。

4.1.2 透视的基本术语

1. 面

基面 / 地面 (GP)：放置物体的水平面，通常指地面。

画面 (PP)：在画者与被画物体之间放置一个假想的透明平面，物体上各关键点聚向视点的视线被该平面截取（即与该平面相交），并映现出二维的物体透视图，这一透明平面被称为画面。

视平面 (H)：视点、视线和视中线所在的平面为视平面。视平面始终垂直于画面；平视的视平面平行于基面；俯视、仰视的视平面倾斜或垂直于基面。

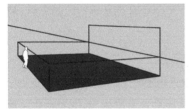 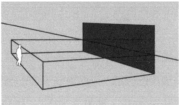 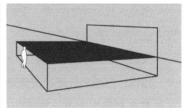

2. 线

视平线 (HL)：视平面与画面的交线。

基线 / 地平线 (GL)：画面与基面 / 地面的交线。

视中线：视点引向正前方的视线为视中线（即从视点作画面的垂线，视点引向物体任何一点的直线为视线）。

真高线：在透视图中能反映物体空间真实高度的尺寸线。

变线：凡是与画面不平行（包括与画面垂直的线段）的直线均为变线，此类线段在视圈内有时会消失。

原线：凡是与画面平行的直线均为原线，此类线段在视圈内永不消失。原线按其与视平面（视平线）的垂直、平行和倾斜关系，分为垂直原线、平行原线和倾斜原线三种。

消失线 / 灭线：变线上各点与灭点连接形成的线段（物体变线的透视点是落在灭线上的）。

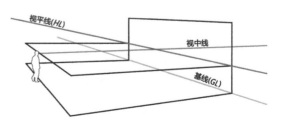

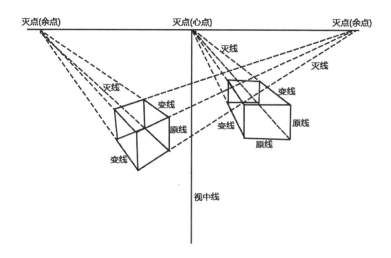

视点 (E)： 画者眼睛的位置。视点决定视平面；视平面始终垂直于画面。

心点 (O)： 视中线与画面的交点为心点。心点是视点在画面上的正投影，位于视域的正中点，是平行透视的灭点。

距点： 在视平线上心点的两边，两者和心点的距离和画者与心点的距离相等，凡是与画面呈45°角的变线一定消失于距点。

余点： 在心点的两边，与画面呈任意角度 [除45°（距点）和90°（心点）] 的水平线段的灭点，它是成角透视的灭点。

天点： 是近高远低、向上倾斜线段的灭点，在视平线上方的直立灭线上。

地点： 是近高远低、向下倾斜线段的灭点，在视平线下方的直立灭线上。

灭点 / 灭点 (VP)： 与画面不平行的线段（线段之间相互平行）逐渐向远方延伸，最后消失在一个点（包括心点、距点、余点、天点和地点），这个点称为灭点 / 灭点。

测点 (MP)： 求透视图中物体尺度的测量点，也称量点。

3. 距

视距： 视点到画面的垂直距离。

视高 (H)： 视点至基面 / 地面的高度（也就是视平线和地平线的距离）。

仰视图： 视点偏低，视中线偏上。

俯视图： 视点偏高，视中线偏下，便于表现比较大的室内空间和建筑群体，可采用一点、两点或三点透视法。

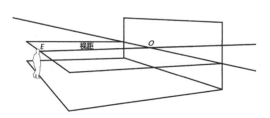 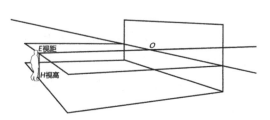

4. 有关视域

可见视域与正常视域。

可见视域：两眼前视所能看到的空间范围。

水平视角：在视中线左右两边的夹角。约为 188°，左右眼覆盖视角各为 156°，两眼共同覆盖视角为 124° (156° +156° -188° =124°)。

垂直视角：在视中线上下两边的夹角。约为 140°，两眼共同覆盖视域的中央视角为 60°。

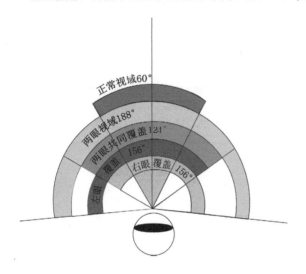

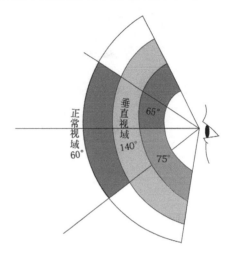

正常视域：在以视中线为轴线的 60° 圆锥视圈内。

画视域的方法：先确定视点 (E) 和视中线 (H)；然后过 E 作 HL 的垂线，垂线与 HL 的交点为心点 (O)；再过 E 点 向 HL 画一条斜线，该斜线与垂线的夹角为 30°；然后 在另一边作出一条与垂线夹角为 30° 的斜线；两条斜线 与 HL 有交点，分别为 A 点、B 点；连接 A 点、B 点，以 AB 为直径画圆形，则得到视域。

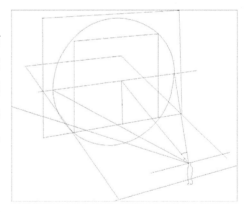

4.2 一点透视效果图表现技法

4.2.1 一点透视理论

如果所研究的立方体有一个面与透明的平面平行，即 与画面平行，立方体和画面所构成的透视关系就叫"平行 透视"(它只有一个灭点)，也称为一点透视。

上面讲到只有一个灭点的透视为一点透视，从另一个 方面阐述更为明了，即凡是人的视线方向与基线垂直的透 视即为一点透视。由此我们可以总结出以下三点。

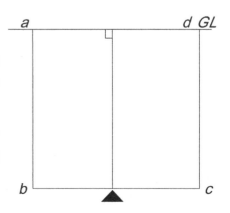

①在基面 (GP) 上任意一条平行于基线 (GL) 的线条与视线方向垂直，画出的透视均为平行线。

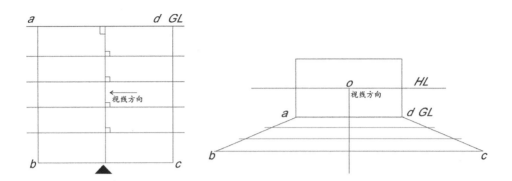

②在基面 (GP) 上任意一条平行于视线方向的线条与基线垂直，画出的透视均消失于灭点 (O)。

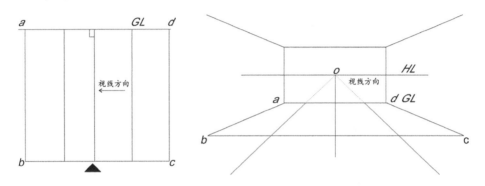

③三维空间中，凡是平行于基线 (GL) 的任意平行线，在透视图中均为平行线；平行于视线方向的任意线条均消失于灭点 (O)。

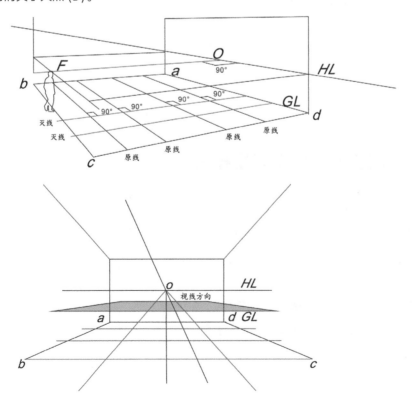

4.2.2 一点透视表现技巧

示例一

①用铅笔将主要景观勾勒出来，注意每个线条的透视，并确定植物的大致位置，用简单的几笔大概描绘出形状

②在第一步确定位置关系后，进行进一步的细化处理，将主景的大致轮廓勾勒出来并把里面的空间细节进行简单的表达。然后进一步勾勒出植物形状，注意勾画植物时不要过于拘谨

③对细节和明暗关系进行刻画，细节通过植物的形状和主景进行表达，明暗关系通过黑白灰表现，当近景相对明亮时，远景刻画较暗，体现层次变化。线稿作品完成

示例二

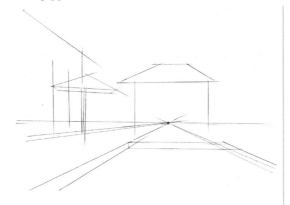

① 先画出一条视平线，并确定灭点，将与视线平行的线条与灭点连接，与视平线平行的线条保持水平不变，大致勾画出建筑小品轮廓和铺装位置

② 画出位置后开始上墨线，仔细地将植物和建筑小品等轮廓画出来，该步骤为最重要的一步，注意前后关系

③ 添加明暗关系，注意水体的倒影应该与其上面的建筑、植物的明暗保持一致

示例三

①用铅笔勾出轮廓后，上墨线勾出主要景观轮廓

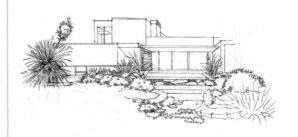

②画出周围的植物和石块表达外部环境，注意植物不同画法的区分

③墨线完成，整体效果大致呈现

④明暗关系的刻画，使画面更加立体

⑤细节刻画，丰富画面

示例四

①用铅笔勾勒出简单透视关系

②画出周围植物、水体、景墙等配景

③补充植物，刻画细节，丰富画面，添加明暗关系

示例五

①找好视平线的位置，一般位于画面上的三分之一处，并画出基线，定好灭点的位置，然后在平面上确定好物体的位置。始终牢记一点透视的原则，将每个物体的透视线与灭点连接，这样就会有一个初步的空间感

②铅笔起完稿，确定好每个物体的位置后，就开始细化硬质铺装，加入植物配景，勾勒出植物形态，为上色做准备

③在上色之前先给物体加上投影，根据光源方向，在背光处加上重色的投影，让物体更有立体感，同时给植物上基础色，留出亮部，后面再细化，并用同一种颜色来表达水和镜面

④在暗面加上重色，用冷灰色在地面表达出植物投影，拉大空间的对比关系，并表达出受周围环境的影响而产生的不同光感，在亮部进行细节的刻画

⑤最后的调整，画出天空，刻画植物的细节，丰富画面色彩，烘托整个画面的视觉效果

示例六

①找好画面的视觉中心，突出画面重点。交代清楚周围环境及后面的构筑物，让整个画面更加饱满

②从画面中心开始上墨线，注意交代清楚前景躺椅的结构关系及周围的植物配置。逐步完善周围配景，注意在画配景的时候，尽量虚化，这样更能突出视觉中心，有主次

③用彩铅先上一个基本色，前景植物在亮部加上暖色，与暗面的冷色形成对比。刻画植物，让植物更有立体感

④加入暗面的深色

⑤给水体上色，给硬质铺装加点暖色，与水体有冷暖对比，从而丰富画面

示例七

①勾勒出亭子的大体轮廓，注意处理好透视关系

②深入刻画细节，添加配景，加入植物配置，注意植物形态

③进行天空彩铅上色、植物基本色上色。给构筑物、水面上色，给植物上暖绿色

④用相应颜色的马克笔画出植物的暖色及冷色部分，使画面更有整体感

⑤深入刻画，加强细节及重色，画出投影及进行其他木材的细致表现

示例八

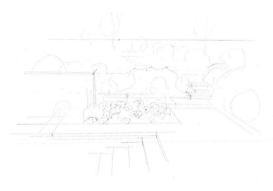

①用铅笔把空间的大体框架定义出来

②绘制出各种类型的空间细节，把握好视觉中心点的主次和疏密关系

③把植物、水体的暗面及其他的投影部分叠加出重色。进行灌木、草本植物基本色上色

④给水体、地面上色，进行植物叠加上色，深入刻画绿色植物。给玻璃、墙面上色，注意明暗关系

⑤强调植物缝隙或阴影部分的重色，检查画面效果，强调视觉中心点

示例九

①用铅笔确定好场景的空间、构图位置，着重处理景观场景中的前景、中景、远景的透视、比例关系

②用针管笔刻画场景中的内容，如乔木、灌木、立交桥等，重点是确保立交桥的透视、比例、结构正确

③给场景中的植物着色，近处的植物用浅绿色，远景植物用深绿色。笔法可以参照"景观植物表现技法"一章

④用马克笔着重刻画远景植物与建筑物，画面中色彩关系遵循近暖色、远冷色的原则。塑造景观场景中的植物、建筑、天空等细节。最后整体观察画面是否协调统一

景观手绘——21天突破手绘与快速设计

4.3 两点透视效果图表现技法

4.3.1 两点透视理论

画出一个 4×4 的正方形方格，箭头所指方向为人的视线方向，由此产生的是非直角的视觉空间，因此就得到了两点透视的空间效果。

①画出视平线 HL，在视平线两端找出 O_1 和 O_2 两个端点，并画出基线 GL。

②如平面图所示，我们相对 BC 线段从右往左看，因此有条直线 L 以 O_1 和 O_2 的中点为基点，将其向右进行偏移。如果我们是从左往右看，该直线以 O_1 和 O_2 的中点为基点往左偏移。直线 L 和 GL 相交于 O 点。

以 O 为圆心，以 O、O_2 为半径，画弧线相交于直线 L 线，相交点为 O_3。

分别以 O_1、O_2 为圆心，以 O_1、O_3，O_2、O_3 为半径往上画弧线，弧线与视平线相交，得到 M_1、M_2，即两点透视的两个测点。

③直线 L 与基线 (GL) 相交，得到交点，在其正半轴和负半轴做出同等单位的 4 个刻度。

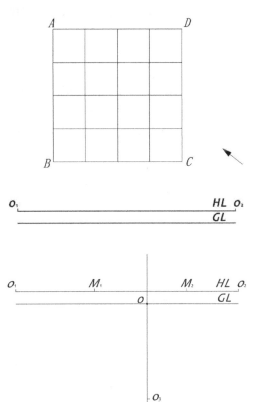

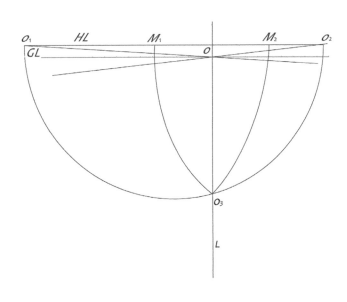

④将两个测点 (M_1、M_2) 分别与其所对应的各个刻度点连接, 连线延长至所画出的射线, 得到各个交点。

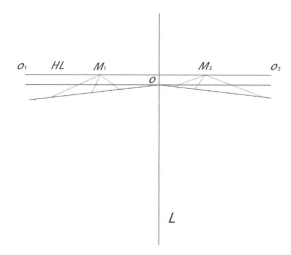

⑤将得到的各个交点分别与 O_1、O_2 两个灭点相连, 便可得到正方形格子的两点透视图。

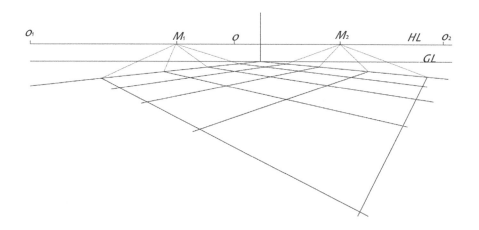

在平面图中, 画出不同颜色、不同高度的体块, 就会得到下面右图中一些基本体块的关系。

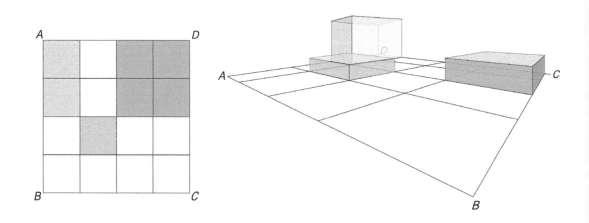

4.3.2 两点透视表现技巧

示例一

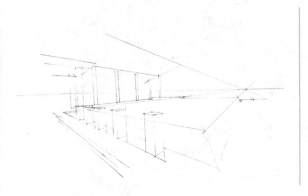 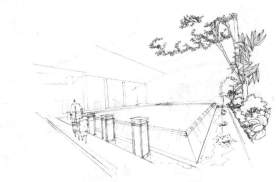

①用铅笔勾勒出大体轮廓

②上墨线,完成收边植物

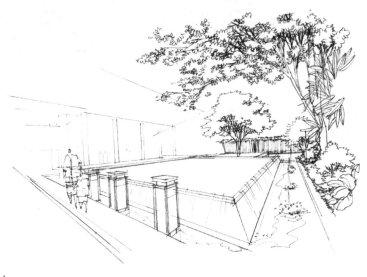

③加入植物配置,细化植物形态

④给建筑上墨线

⑤给整体画面加阴影，区分明暗关系

示例二

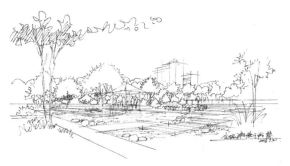

①用铅笔起稿确定景观功能的位置，用针管笔细致刻画植物、地面、水体、建筑物等，确保空间中的形体透视、比例正确

②用几种色彩确定整幅画面的基调。色彩的表现原则是近浅远深、近暖远冷

景观手绘——21天突破手绘与快速设计

③用紫色、红色、黄色等丰富画面色彩，远景植物用深色、冷色的绿色表现

④完善画面效果，用马克笔刻画远处的天空与植物

⑤用深色马克笔刻画水景，逐步完善画面形体，丰富画面色彩

示例三

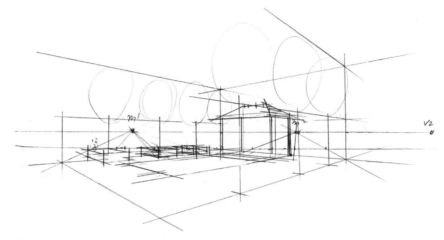

①先确定视平线的位置，用铅笔起稿，确定主要植物与建筑物的空间位置

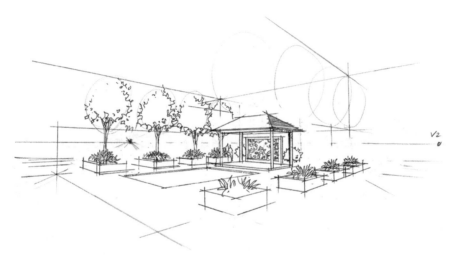

②用针管笔刻画空间中的主要植物与凉亭，刻画植物的线条应流畅自然

③逐步丰富场景中的植物与远处的配景，使得场景中的植物与配景的形态表现生动

④将浅绿色定为画面的基本色调，同时注意近浅远深的色彩变化

⑤用马克笔着色，丰富画面色彩，同时增强图中的远近空间效果，画红色、紫色来丰富色彩，最后完善画面，整体调整景观场景的植物主次、前后、冷暖的对比关系

示例四

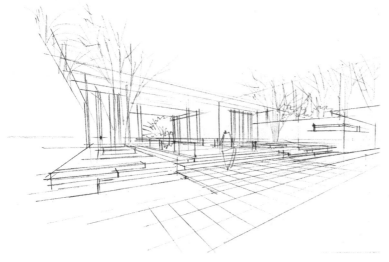

①从硬质铺装开始，画出构筑物的形态，要注意灭点的位置。画植物和地面铺装按照近大远小的透视原则

②用墨线勾图，要注意物体的虚实变化，受光部分的线条适当柔和，为上色做准备。画出周边配置的植物。最后画上物体的投影，让画面完整，更具立体感

③从构筑物开始上色，让构筑物更有整体感，通过不同的运笔方式产生颜色的渐变，让画面更生动

④给植物上色时，注意区分前景、中景和远景的植物关系，在色彩上能有冷暖色的适当区分，植物暗面上色顺着明暗交界线画，这样画出来的植物才会有体积感

⑤最后一步，调整画面。物体同样会受周围环境的影响，加入环境色，使画面更加协调

示例五

①完成线稿，画出阴影，注意明暗关系对比

②给构筑物和地面铺装上色，注意地面光影效果。用浅色马克笔给植物上底色，画出天空

③给局部植物和远景植物上色

④刻画暖黄色植物

⑤深入刻画绿色植物，强调暖黄色植物的暗面部分，表现地面的光影，注意虚实关系

示例六

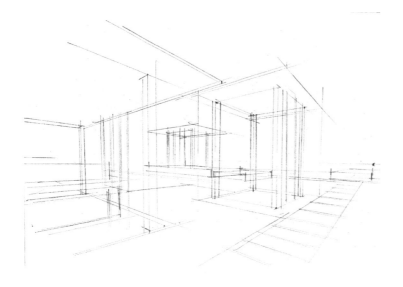

①起稿时注意角度的选择，把握好景观亭的形态和主次关系

②画出周边植物配景。在画该步时，应注意植物的层次关系

③用浅色马克笔给天空及草坪上色，为植物、构筑物画出基本色

景观手绘——21天突破手绘与快速设计

④用重色为一些暗面画出投影。逐步深化，刻画细节，拉开关系时既要保持画面颜色的统一，也需有适当的对比关系。在给地面铺装上色时，用同色系的马克笔画出渐变关系，切记不要满涂

⑤完善画面，加入环境色，使整个画面更加协调

4.4 三点透视效果图表现技法

4.4.1 三点透视理论

如图以 DE 为一个基本单位，点 F 为相机的基本视角，DF 的长度是 DE 长度的 2 倍，点 G 为人眼所看到的正常视角，DG 的长度为 DE 长度的 3 倍。

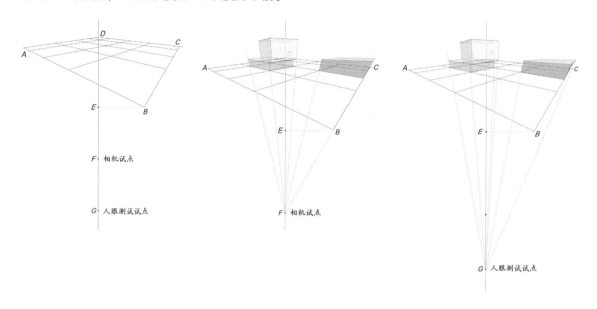

4.4.2 三点透视表现技巧

示例一

①画出建筑的大体轮廓

②刻画建筑外部细节，画出阴影，注意明暗关系对比

景观手绘——21天突破手绘与快速设计

示例二

①勾勒出建筑的外形轮廓，注意视角

②完善细节，画出阴影，使建筑更为立体

4.5 古典园林建筑的画法

建筑手绘在手绘绘画技巧方面独树一帜，因此拿出来单独讲解，其要点如下。

①在古典建筑的刻画中，它的透视可以相对弱化，因线条的增多，建筑看似繁杂，其实画起来并没有想象中那么困难。

②古典建筑之所以让同学感觉有些棘手，是因为不了解建筑的结构，一旦掌握建筑的大体结构即可上手。

示例一

 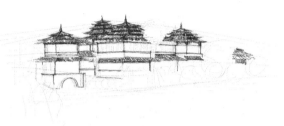

①将古典建筑组群的轮廓画出，草图不用画得太过仔细 ②深度刻画屋顶，砖瓦要仔细刻画

③建筑组群画出，深度
刻画，加上植物配景

④画出背景和近景，加
上阴影，可以附加一首
诗，使其更加具有韵味

第 5 章　鸟瞰图表现技法

5.1 鸟瞰图基本原理

　　鸟瞰图是视点高于建筑物的透视图，多用于表达某一区域的建筑群或园林总平面的规划，通常采用网格法来绘制。鸟瞰图看似复杂，实则简单，因为它更注重方案的整体效果，所以相对人视效果图来说，它少了很多细节，从而在刻画环节变得简单。鸟瞰图的绘制难点在于对整体透视关系的把握。

5.2 鸟瞰图马克笔步骤详解

示例一

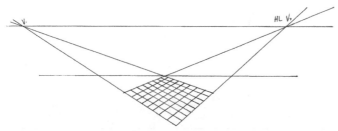

①一般鸟瞰图采用两点透视的居多，按两点透视原理画出整个平面图形，并按透视中近大远小的原则将其分成坐标网格

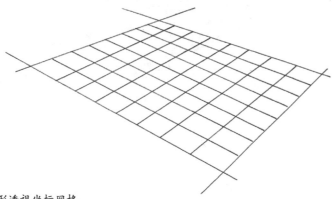

②整理细节，放大地形透视坐标网格

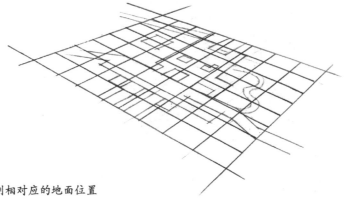

③在透视网格中找到相对应的地面位置

④用铅笔建立不同高度和形状的物体体块的草图

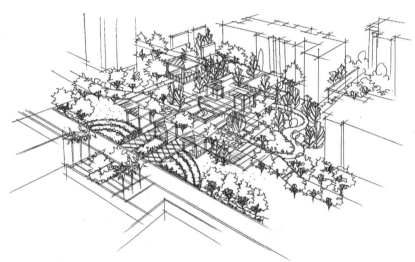

⑤画上铺装，并细化细节，完成线稿

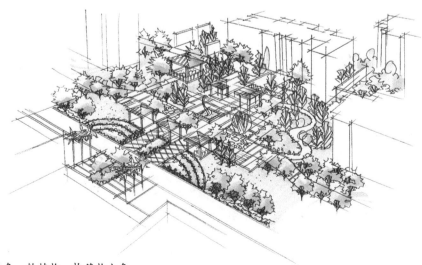

⑥大面积铺底色，给植物、构筑物上色

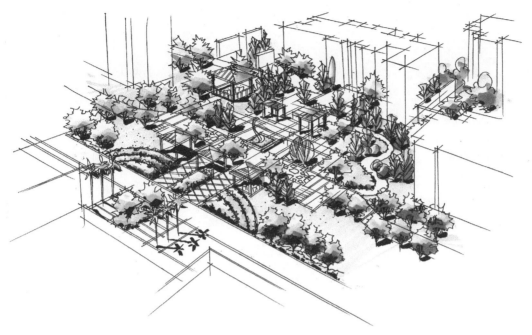

⑦用重色统一勾阴影

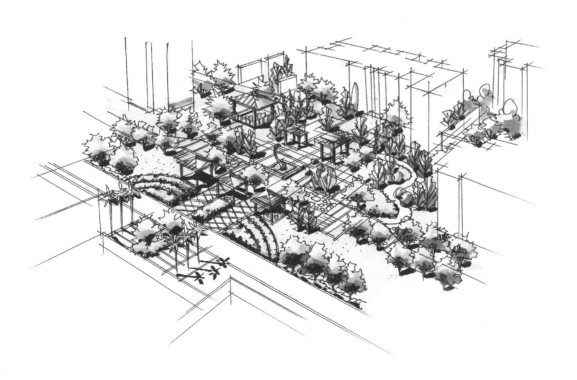

⑧给地面铺装上色，细化各层次，完成画面

示例二

①画出地形透视坐标网格　　②在透视网格中找到相对应的地面　　③用铅笔建立不同高度和形状的体
　　　　　　　　　　　　　　　　位置　　　　　　　　　　　　　　块的草图

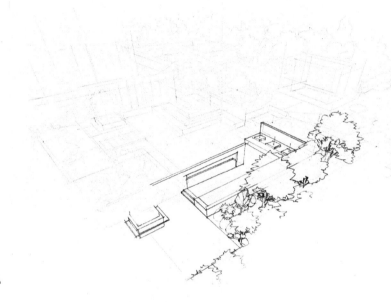

④给前景上墨线并进行细化

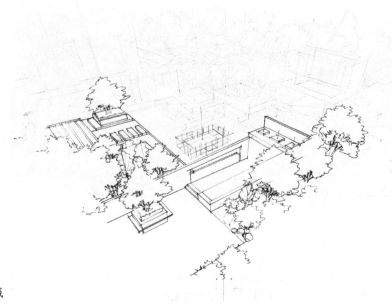

⑤进一步细化线稿并上墨线

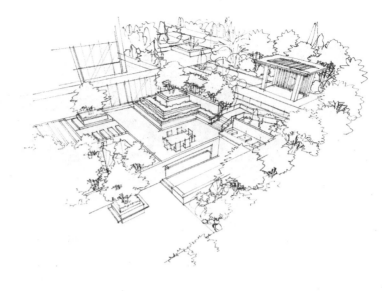

⑥细化场景，完成线稿

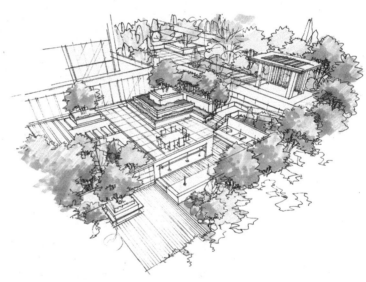

⑦给植物上基本色

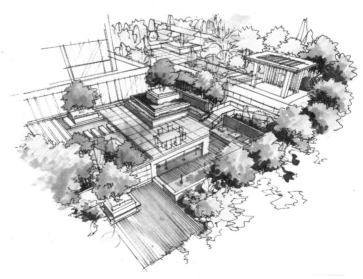

⑧给植物进一步上色，进行深色叠加，
给水体、铺装上色，注意明暗对比

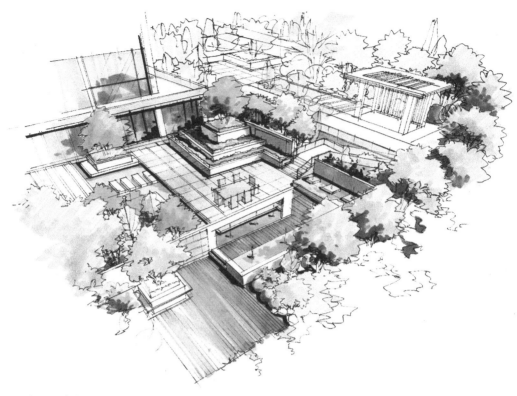

⑨给建筑上色，注意光影效果

⑩给构筑物上色，给背景植物上色，细化各层次，完成画面

示例三

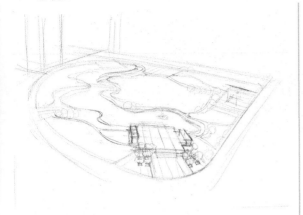

①用铅笔勾勒出场地园路和水体的形状

②给木平台上墨线

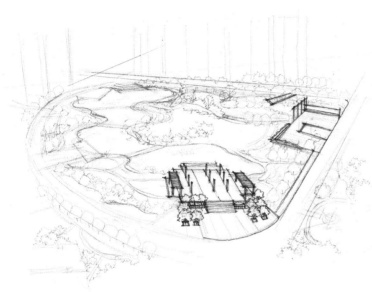

③细化木平台并上墨线

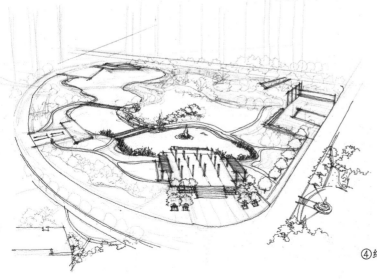

④给园路上墨线

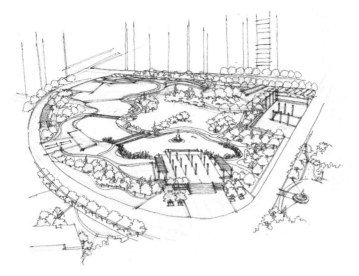

⑤进一步细化线稿，添加植物、建筑等配景

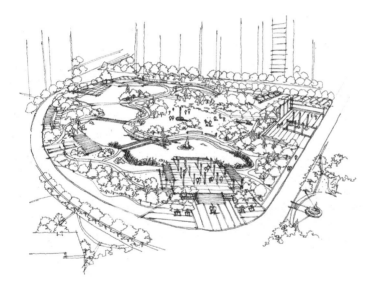

⑥给地面画铺装，加人物

⑦加阴影，完成墨线稿

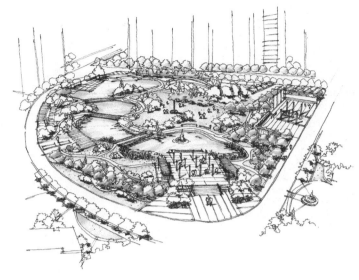

⑧给草坪上色，给植物上基本色

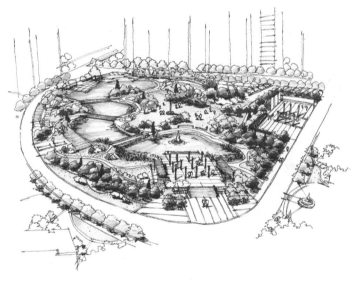

⑨用重色统一勾出阴影，注意远近虚实关系对比

⑩给铺装上色，加深阴影关系，完成画面

示例四

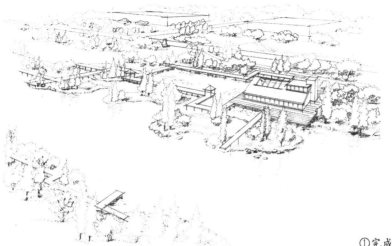

①完成线稿

②给中景植物上基本色和给水体上色

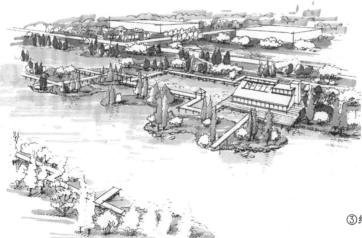

③给草坪上色，给远景植物上基本色

④给建筑上色，给木栈道上色，对植物暗面用深色马克笔上色，注意明暗对比

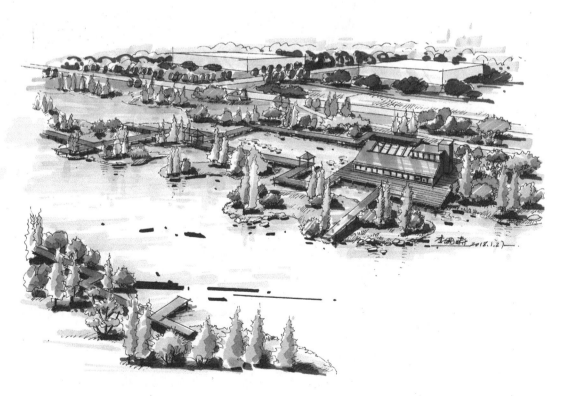

⑤给水体上阴影，细化各层次，完成画面

示例五

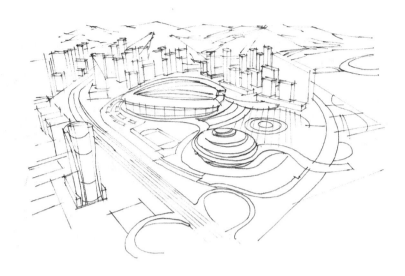

①完成线稿

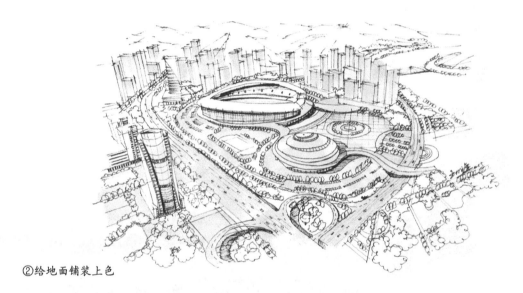

②给地面铺装上色

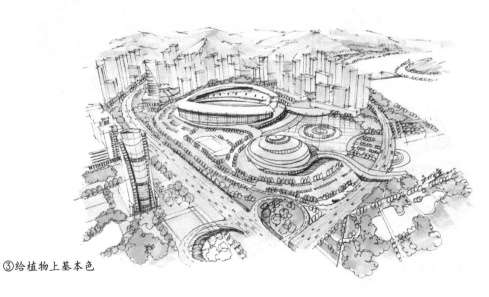

③给植物上基本色

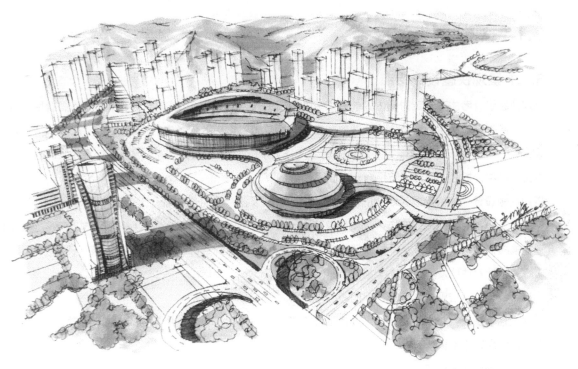

④给植物上第二次色，颜色要相对加重，上色时可先着重强调视觉中心的明暗关系，并给建筑上色

⑤给水体上色，加深阴影关系，使画面整体富有立体感

第 6 章　景观快题设计要点解析

6.1 景观快题设计特点

6.1.1 景观快题设计特点

景观快题设计考生在规定时间内完成景观专业范畴的规划、园林绿化或建筑场地设计。依据题目内容，绘制出符合各类型项目主要规范、设计要求的方案阶段成果。旨在考查考生的审题思路、总体构思、材料分析、设计与表达手段等专业能力。通常时间为 4~8 小时，内容一般为国家制图标准的简化版，如彩色总平面图、各类分析图、局部细节平面、立面、效果图等。

景观快题设计作为景观设计专业的基础性课程和考核项目，在现有景观设计专业的各类考试中已司空见惯。绝大多数景观公司招聘选拔人员和高校研究生入学考试时，会采用快题这种考试方式来了解人员的基本专业素质，为人才的选拔录取提供了有效途径。由于考试时间条件的限制，考生应该"抓大放小"，着眼核心，有针对性地发挥自身优势，集中抓住以下几点：

①切换视角，从宏观角度分析微观问题的能力；

②从规划着眼，整体思考设计范围周边的城市交通、市政配套设施、建筑物的特性，从功能区划、流线组织等方面合理连接；

③有适宜的创新与创意内容；

④概括解答问题的能力。

景观快题设计在考核评价方面，有其自身特点，要求考生要对场地情况进行迅速分析和判断，拿出解决问题的方案，并在最短的时间内，在设计推演过程中体现考生的创意。

景观快题设计课程的发展因景观设计专业外延与内涵的不断进步、新时代对高校人才的需求，以及社会主义市场需求的不断变化，越来越重视实践教学内容的引入。

6.2 景观快题设计应试要点

景观快题设计应试的主要流程包括审题、解题、草图、理念、绘图等。接下来，笔者将一一为大家介绍这些要点的具体内容。

6.2.1 审题和解题阶段

对于对应不同功能的设计类型，应该特别注意其主要特点。城市公园、居住区、广场等空间的特点、功能是不同的，因此必须首先了解和熟悉设计对象，才能做到不同地块不同分析。首先，在功能上要充分考虑各个功能要素之间的关系。在此基础上，才能进行设置合理的功能分区、统筹流线安排等其他因素的综合考虑。因此，建议可分为以下几个主要步骤。

①根据设计任务书的所给信息，抓住关键词，标记设计重点；分析区位、用地性质、周边环境与交通条件、基地现有条件和资源；确定设计目标人群；研究经济条件、文化脉络等相关影响因素；建立初步的设计理念。

②根据不同院校或公司的考试时间，遵循从整体到细部的设计流程。应首先进行整体考虑，直至将理念贯彻到细部中，前一环节往往是后一环节的依据和基础，而后一环节往往又反作用于前一环节。

以上过程是一个循序渐进的整体思考过程，但是规划设计是一个不断解决矛盾的过程，过程中会面临诸多的矛盾。它们互相交织在一起，前一阶段的矛盾解决了，后一阶段可能又出现另一矛盾，因此不能孤立地看待问题。不同阶段的设计矛盾互相影响，其模糊与综合性决定了设计思维必须同步进行。

6.2.2 草图和理念阶段

示例 1——地块现状勾画草图

图示语言帮助我们及时迅速地记录下头脑里不确定的、模糊的设计意象，使其成为可感知的图形语言，尽管只是一些线条或符号，但随着对设计问题的不断深入，手不断记录下思路，图面越来越丰富，设计思路也越来越清晰。这种图示语言有助于设计者保持其设计激情与思路的连贯性，有利于提高设计效率。在考试过程中，我们通常利用图示反映设计思路，勾勒条件分析图、框架示意图，绘制铅笔草图等，如右图所示。

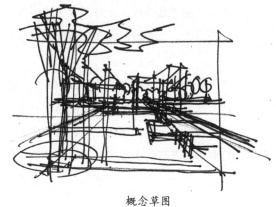

概念草图

（1）条件分析图

以快速的、符号性质的图示语言标识出基地的出入口、基地的周边环境与交通条件、基地现有条件和资源等，不断调整与整理设计思路。这一阶段看似无序，但是它能有效帮助设计者从乱麻中理出头绪，实现对这一设计阶段的驾驭。有的人跳过这一阶段，直接进入方案设计，结果很容易导致最终方案出现与总图要求矛盾的地方。

（2）框架示意图

做好条件分析之后，往往就可以对方案进行构思了。此时，勾画草图的方式可以是框架示意图，将方案的大致功能安排、交通流线关系快速表达出来，并及时调整成为方案的初步框架。

（3）铅笔稿

在此阶段，许多设计问题已经逐步明确，因此，草图要及时从粗线条草图转入较为细致的铅笔稿，把方案的布局、功能等细致勾画出来，为下一步深入画图打好基础。

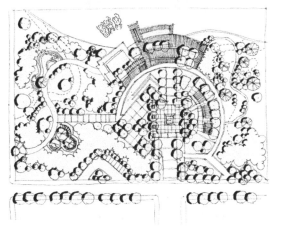

方案线稿

示例 2——铅笔草图

右图所示为某公园设计平面图，该铅笔草图初步表达了设计意图，奠定了良好的基础。

6.2.3 正式绘图和完善阶段

正式绘图和完善阶段一般有以下几个程序。

构思图面安排：图纸整体效果往往直接给阅卷人留下第一印象，因此图面安排是非常重要的，版面设计能反映设计者的个人修养和工作的条理性。每张图纸内容安排要尽量做到丰满而不拥挤，整体而有层次。在落笔绘图之前，就应该有一个安排，以保证最后不会出现有的图纸拥挤不堪，有的图纸又空空荡荡。同时，图纸的图框、标题、图名都应该做到美观、整齐。再者平面图、立面图、剖面图及透视图各自图面的分量是不一样的，因此画面不经过精心排版，就会产生不匀称的感觉，画面的美观就会大打折扣。

绘制正式图纸：当方案设计完成进入最后绘图阶段时，为保证绘图速度与质量，先按任务书要求的比例在纸上迅速画上定稿图。此时，考生应边绘图边迅速调整一些细节。检查一遍是否有与任务书要求冲突的地方。

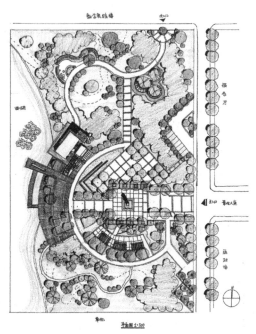

调整色彩搭配、完善图面效果：图纸的色彩安排上，应先考虑画面整体色调。再考虑局部色彩对比。每张图纸应该都是一张完整的画面，色彩协调大方，不求多样，但要统一而有层次和重点，这样才能给阅卷人留下良好的印象。最后检查所有图纸，不要忽视细节问题，完成全部图纸。

示例 3——方案成果点评

方案整体统一，表达了设计意图，进一步深化了草图的表达，如右图所示。

完整的方案平面

6.2.4 快题设计应试评判方式

1. 快题设计评判标准

快题设计的评判标准是带有一定主观色彩的，但优秀快题设计一定有很多共同特点。一般来说，优秀的风景园林快题设计可以参考如下的评判标准和分值分配比例。

①整体统一，结构清晰，尺度正确，设计内容符合任务书要求。

②场地周边与内部联系紧密。

③充分融合场地地形和现状条件（地形、水体、周边环境）。

④空间满足基本功能要求，使用便利、合理（出入口的设计、交通流线的畅通、集散场地的需求）。

⑤主次景观节点对比强烈，细节丰富。

⑥植物群落，配置丰富（群树、列植、孤植、草花）。

⑦设计上满足审美需求（和谐、对比与统一、节奏与韵律）。

⑧图纸表现准确、清晰，层次分明，鸟瞰透视准确。

⑨图纸细节完整（比例尺、指北针、图名、相应标注）。

⑩符合相关的设计规范。

⑪评判分值和比例：平面图（40%以上），效果图（30%以上），分析图、设计说明及其他（各占10% ~15%）。

2. 快题设计的评判

快题设计评判工作基本上都会将其并列平铺或者悬挂于一个较大平面空间之上，进行总体浏览，并将所有的图纸大致分为三档：良好、一般和不及格。这就是所谓的集中分类分档阅卷方式。

除不及格的以外经过相对比较，挑出一部分可评为"良好"类的图纸，将余下的归为"一般"类图纸。最后在"良好"类的图纸中选出特别出类拔萃的评定为"优秀"，这个比例很小。下一步便是在"一般"类和"不合格"这两个档次里面，根据整体图纸效果酌情加减分数，一般差别都不会超过10分，这样就完成了整个评判。

3. 快题设计评判分析

所有的图纸都是被对比着评价的，也就是说每份图纸都不是被孤立评价的，如果不能从别人图纸的包围圈中"突围"出来，就很有可能被淘汰。笔者对"见光死"类和"吸引眼球"类的图纸做了以下归纳总结，方便读者参考借鉴。

（1）"见光死"类图纸的特点是图面过于平淡、黯淡，好像没画什么内容

①用笔过轻、过细，缺乏力度。用铅笔画图常常会出现这样的问题。

②杂乱、画面潦草、混乱，乱修乱画。

③构图失调，主要是排版问题，过挤或过松，留白过多。

④粗糙，给人不专业或不会画图的感觉。

⑤比例错误，场地的尺度出现严重问题，将场地画过大或画过小了。

⑥严重缺图，缺失了任务书所要求的图和其他内容。

（2）"吸引眼球"类图纸的特点

①干净、整洁。

②内容丰富，信息量大，同样时间内你比别人多画1000根线条，没有功劳也有苦劳。

③有层次，就是画面不呆板，线条有层次（粗细有区分），色彩有层次（浓淡相宜），表达有层次（总图，平、立、剖，详图，分析图的表述有条理）。

④重点突出，就是图面有视觉中心，有吸引视线的地方，不平淡。

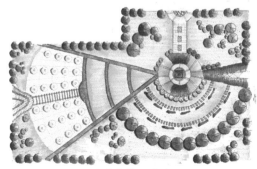

画面潦草、混乱

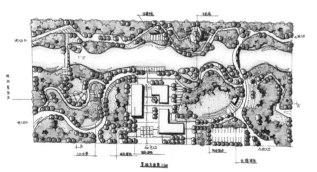

图面干净整洁

6.2.5 快题设计应试要点解析

1. 审题

对题意的理解是展开快速设计的第一步，也是决定设计方向的关键性一步。理解对了，可以把设计思路引向正确方向，而理解偏了，则导致设计思路步入歧途。总的来说，审题主要分为读题与解题两个阶段。

读题是基础资料收集与整理的过程。在快速设计中，要迅速地获取任务书和图纸信息，抓住关键词，把握题目中的"明确要求"。

解题是分析、把握需要解决的问题，理解题目中考点或重点的过程。这一过程主要是考验设计者的反应能力、理解能力，需要快速读懂题目中的"引导性要求"，从而明确需要解决哪些问题，设想解决的方式与途径，为下一步的分析打下基础。在进行文字工作的同时，读懂图纸是另一个重要方面。有些信息并没有在文字中反映出来，如地形地貌、建筑位置、保留物、道路走向、用地范围等信息。

尤其需要注意的是：任何一个已经存在的场地，必然存在着自我特征，其自身的结构和方向需要理解和把握。在设计中，设计强调现存的个性，还是改变它，以及改变的程度如何，这都是审题时需要考虑的问题。

要点：

（1）充分掌握和理解设计条件及其含义，抓住关键词

设计条件主要包括：区位及用地范围，周边环境和交通条件，基地现有条件和资源，气候条件，文化特征，设计要求等。

（2）仔细阅读，明确并把握各项设计要求

清晰把握题目中"明确的要求"，如：规定完成的图纸任务，图纸规范等。设置要求是命题人测试应试者的主要依据，也是评图的依据，设计要求一般都是具体、明确的，这里主要是指成果要求。设计者应仔细阅读，避免因粗心大意，未认真读题而导致设计过程与内容带有明显的盲目性，致使设计成果与题目要求产生偏差，出现重大失误。

（3）理解题目的"引导性要求"，归纳、整理需要解决的具体问题

每一道题目都有其考核的重点，命题人都有明确的目的，有待设计者认真把握。为了充分体现设计者的能力，有些要求比较宽泛，仅仅是一些引导性的要求，以期得到多样化的解决途径。题目中的"引导性要求"，常是考试的重点，读懂非常重要。这些要求是通过表述场地的一些状态和问题，或对未来发展的希望提出的。如北京林业大学园林学术硕士研究生入学考试 2006 年的考题中，有这样的语句："一条为湖体补水的引水渠，自南部穿越，为湖体常年补水。渠北有两栋古建需要保留"，实际是提出一些有待解决的问题和对方案发展方向性的引导，强调了水景与滨水环境设计、中国传统建筑环境设计等问题。可以理解为"考点或重点"。这些问题的解决途径可能会多种多样，应根据实际情况及设计者既定的设计目标和公园设计的总体风格特征，选择解决的方式与途径。

2. 现状分析

在审题的基础上，需要对已知的各现状条件进行综合的分析，其目的是为下一步开展设计提供依据。分析过程考验的是设计者专业知识的积累程度、洞察力和对问题的判断与思考能力等。应注意的是：该过程中头脑是快速运行的，不能消耗过多时间进行分析，因此在平时的训练中需要注意培养自己的分析能力。现状分析是展开设计的铺路石，对现状理解和把握的程度，决定了设计方案的合理性与个性特征。理想的

方案必然会与场地特征及周边环境建立良好的互动关系，它不仅体现设计者的能力与水平，更重要的是它反映了这个场所固有的、区别于其他地方的特征。

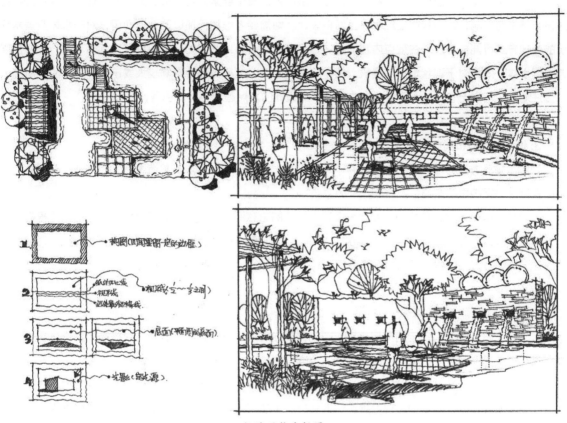

场地现状分析图

要点:

（1）分析内容合理

对于一个设计题目，现状条件可能多样而复杂，大到区域特征，小到一石一树，无不是应该考虑的现状因素。设计者需要迅速整理，把握关键，区分哪些是对设计影响较大、较重要的条件，哪些因素需要保留，哪些是可以忽略或改造的因素，并通过一系列图示化的符号将重要的信息记录在图纸中。这个是提炼去繁的过程，它使场地的主要特征与问题能够通过图示化的语汇反映出来，并在脑海中留下深刻的印象，从而使设计者能够清晰地把握现状条件。

（2）分析步骤清晰

面对大量的已知信息，需要遵循一定的步骤，按照一个清晰的逻辑思路展开分析。条件越复杂，逻辑性越重要。例如，可以先从场地大环境入手，分析当地气候、光照、风向、水文区域自然地理特征、地域文化等客观因素；再从场地外环境入手，包括场地边界、外部交通、周边地块的用地性质、功能与设施、有无借景等，以及种种不利因素，如噪声等的干扰；最后分析场地内部环境，包括现状地形、水体、现有植被、保留建筑、现有道路、视野和风景等的分析。

对于场地内部个性比较突出的项目，也可以抓住特征性片段和细节，形成突破口，逐渐展开，引导下一步设计的进行。

（3）特征把握准确

每一个场地都有自身固有的特征或属性，设计者必须准确地把握这一特点。这种特征是指场地本身区别于其他地块的特点，也许是环境赋予的，也许是由内部某个要素的特征形成的。设计者要注意这些特征对设计产生的影响，如现状中出现水体且面积较大，则需要考虑如何加以改造或利用，对于水体及滨水环境的处理方式可能成为设计的重点内容。要认真思考水体与场地之间的关系，是保留水体不变，还是加强或减弱水体。同样对于现状地形、建筑、植物等个体因素，如果对场地影响较大或已经形成的某些特征，都应注意。它们提示了设计者需要考虑的问题，对设计的发展趋势也具有引导作用。

3. 设计构思与布局

理解了题意并进行现状分析之后，并不意味着马上就要进入具体形式塑造阶段，而是需要在理解、分析的基础上进行构思与布局。

在设计的初始阶段，构思的主要内容是确定设计的总意图，明确设计的目标与方向。布局是根据场地的性质和规模，对各方面设计内容（如功能、空间、景观等）进行分类，进行系统化的组织与安排的过程，同时还要协调各方面内容之间的相互关系。

要点：

（1）目标明确，构思新颖

在对整个设计要求有一定的把握之后，首先需要完成的工作就是认真思考，确定明确的设计目标和方向。设计目标是方案发展的基础，决定设计的内容与特征。所谓"意在笔先"，就是要在动手设计之前，运用专业知识，充分发挥想象力，为设计提出一个切实可行、清晰明确、独具创意的发展方向。一个好的构思，力求新颖，是以独特的表现力展现设计思想、表达创造意图的过程。设计的形式风格与内容特征应该是在明确目标的基础上，结合对题意、现状的理解而展开的，切忌只求毫无根据地创意、凭空构思、玩概念、堆砌形式等。

目标可以从两个层面界定。一是方向线。例如，是以文化为核心，还是以生态为重点；是要创造一个极为个性化的花园，还是一个需要满足大众需求的休闲场所；是突出开阔的水景，还是强调大面积葱郁的林地等。二是程度和特点。例如，我们应设置占多大比重的水景，什么类型的水景等。类似这些问题都需要设计者在构思的过程中给出明确的答案，并对场地进行准确定位。在构思与布局阶段，一定要严谨、谨慎地思考，为下一步设计工作打下良好基础，否则会造成偏题、跑题等重大失误。

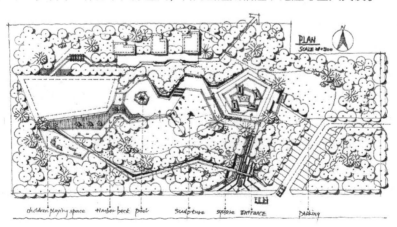

方案设计图

（2）内容合理，层次分明

有了明确的设计目标和对项目特征的把握之后，就可以进一步思考采取哪些措施来达到这一目标和实现这一特征。设计者需要考虑：在场地内组织哪些活动，安排什么设施，设置怎样的场地，以及哪些活动是主要的，哪些是辅助性的。对于景观的组织同样如此，需要确定总体的景观特征，如：是开阔宏大，还是亲切近人；主要景点和其他景点的位置如何确定，它们之间相互关系如何等。这些内容的布置要合理，符合设计目标，体现场地特征。而层次则是指园林绿地内容的类型丰富程度，设计者应尽量考虑、协调各方面的内容，同时注意其组织关系，哪些是主要的、需要突出强调的，哪些是附属存在的。从总体上把握结构，切忌平均填充堆砌，应做到有主有次，层次分明。

（3）结构清晰，重点突出

要注意有逻辑，有整体感。设计的逻辑性尤为重要，需要有主次、有强弱、有重点。从构思到布局，整个思维过程是同步进行的，具有很强的逻辑性。在解决设计问题时，应抓住主要问题，突出主要目的，不要一味地停留在细枝末节上，陷入局部而失掉整体把握；在进行布局时，应做到有主体、有中心、有重心、有重点，切忌因求好、求多而过多地堆砌内容，因强调多样而破坏整体效果，最终导致结构破损、不完整。

（4）形式和谐，变化多样

形式的和谐统一是成功的基础，这里主要是指多样统一的构图原则。任何造型形式都是由不同的局部组成的，这些部分之间既有区别又有内在联系，只有将这些部分按一定规律有机地组合成一个整体，才能达到较为理想的效果。设计者需要创造既有秩序，又有变化的场所，即所谓多样统一。设计过程中场所的形式首先应和谐统一，在统一的基础上寻求变化的可能。变化的途径多种多样，而形式构成理论是最直接、有效的方式和途径。可以通过基本形的变形、渐变、重复和多个形的交错构成等方式达到变化多样的效果。

另一个值得强调的方面是场所形式塑造并不等同于"平面设计"，设计平面图是以二维平面表达三维空间感受为目的的创作过程。因此，在考虑形式组成时，应以空间形态塑造为依据，注重对空间尺度、围合强度等方面的控制，切忌陷入单纯的平面构图。

（5）尺度合宜，节奏分明

一个完整的场地应满足功能与形式的统一，场地的形式要符合功能要求。场地的尺度与形态变化应有利于使用功能的展开，并力求进一步促进功能内容的发展与完善。不能为了追求形式变化而使场所的功能受到损害，或不便于使用乃至丧失使用功能。

对于设计中一个具体的单元，其尺度不仅要符合自身功能与特征的需要，同时还要考虑对整个方案的影响。场所内的每一个单元都应该符合整个区域的节奏变化。节奏是一种变化的手段，是指有规则地连续变化或重复的过程，它强调规律性，具有很强的整体性。

（6）综合表达，同步思维

分项思考的目的是为了理清思路，避免混乱，但最终还是要使诸单项合为一体，完成一个内容多样的总平面图。设计思路不能单向直行，而需要从多方面、多角度交错出发、螺旋发展。在构思阶段，不仅要考虑立意新颖，还要综合现状分析功能需求等各方面的内容，统筹安排，将各方面整合于一体。在布局阶段，可以以一个方面为突破口，如从功能出发，交错考虑空间布局、道路、景观结构、形式等方面因素，形成一个全面而完善的理想方案。

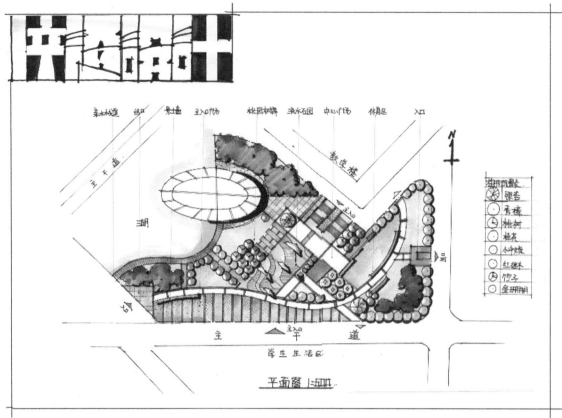

总平面图

4. 深化设计

深化设计时，设计者能够熟练应用平时积累和训练的成果，在有限的时间内，表达更为深入细致的创意与设想，是快速设计的基本目标。一个方案从构思到完成，需要耗费大量的时间和精力，对于一些细节，或者一些需要细致表现的节点，如一个滨水活动区、一个码头、一个茶室、一个有趣的活动场地，甚至是广场的铺装纹样，如果全部都在应试时现场设计，对于大部分人是非常困难的。因此，应注重平时积累，不断丰富设计"语汇"，以便快速设计时自如应用。这就如同写作文，要做到"文如泉涌"，必须以丰富的"词汇"积累为前提。

要点：

（1）注重整体效果

单有丰富的"语汇"或者说"成语"的积累还不够，因为，成语谁都可以用，终有应用好坏之别，每一个成语都需要特定的语境。要恰当地运用这些"成语"，需要反复练习，把握应用的途径与规律，切合题意要求，才能最终形成一个完整统一的设计方案。设计者所应用的"语汇"都具有自身的个性特征，它们构成了设计场所内的点、线和面。在应用的过程中，首先要使它们合乎图纸的比例，方能形成一个满足要求的方案。同时，不同的组合方式具有不同的形式。

（2）张弛有度、事半功倍

设计者要善于运用水面与草坪，调节整个区域范围内的节奏变化，使方案布局张弛有度。草坪与水面的位置、尺度非常重要，对整个场所布局的影响很大，在应用过程中要细致考量。另一方面，草坪和水面的绘制是比较省时、省事的工作，善加应用草坪和水面可达到事半功倍的效果。

需要注意的是，形式与组合并不只是平面化的拼贴，需要综合考虑内容、功能、布局等各方面的内容，形成均衡稳定的构图，层次清楚，结构合理，重点突出。

（3）控制适当的设计深度

不同比例的图纸图面表达的深度不同，各种风景园林要素的表现方式也不同。在平时练习时，要注意熟悉常用比例的平面图绘制深度。例如，同一个广场，在1∶1000、1∶500或1∶250的图面上细节表达有所不同。

（4）注意尺度和比例

尺度可以从两个方面把握。一方面是绝对尺度，它是指各个实体的实际大小。设计者首先需要掌握各风景园林要素与设施的常规制度，以及其变化的可能性。另一方面是相对尺度，它是指各要素及实体之间的比例关系与实体的结构要求及审美相关。功能、审美和环境特点决定实体要素的尺度。尺度的放大和缩小都会引起人相应的心理反应。设计者需要掌握相应的规范要求，尤其对于道路、建筑等功能性较强的常规设施，必须清晰明确地予以掌握。例如：一般综合公园中，一级道路宽5~7m，二级道路宽2.5~3.5m，小路宽1~1.2m；建筑作为绿地中的重要设施和景物，还要注意其尺度与周围环境的关系，体量过大或过小的做法均不可取。

（5）恰当配置各类设施

每一种类型的绿地都有不同的设施，要求设计者需要掌握相关的规范要求，使绿地的功能符合其自身的属性。设施的位置、尺度也应恰如其分，与绿地的特点相适应，并便于展开相应的活动。不仅要掌握宏观的概念，还要掌握具体的细节，如踏步一般高0.15m，栏杆高0.8m，坐凳高0.4m等。同时还要注意不同类型的设施需要结合不同的环境特征，设施与环境相互呼应，相得益彰。

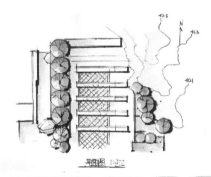

平面图 1:200

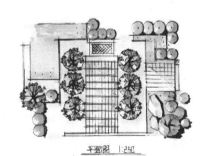

平面图 1:250

景观小品图

第 7 章　景观快题设计方法

7.1 景观快题设计内容

7.1.1 分析图

1. 分析图的表示方法

分析图是进行设计构思时，针对场地的地块条件、周边环境、交通情况、人文历史等各方面因素做出初步判断及大致分析。分析图是每个快题必须包含的一个部分，也是绘制平面前一个必须掌握的步骤，分析图一般包括交通分析图、功能分析图、景观结构分析图、视线分析图、地形分析图等。

分析图有很多种表现的方法，一般用气泡或方块来表示不同的分区，交通分析图的活动路径用箭头表示。

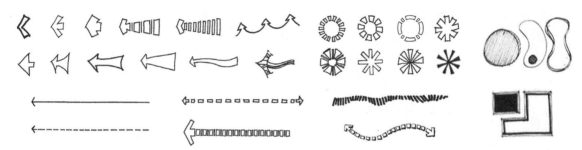

箭头表达图标

分析图一般有如下特点：

①图面简洁，线条明了；

②表示清晰，主次分明；

③点、线、面结合使用。

分析图用符号化的语言传递设计思想、表达设计思路，具有清晰、概括地展示方案的作用。分析图绘制的原则是醒目、清晰、直观地提炼设计核心，用符号化的语言呈现，注意表达的设计感。通常可以先用马克笔绘制，用色上宜选择饱和度高、色彩鲜明、对比突出的颜色；再用针管笔勾边、塑形。

景观规划设计中，常见的分析图包括功能分区图、景观结构图、交通结构图和视线分析图等。

2. 分析图的分类

（1）功能分区图

功能分区图是在平面图的基础上用线框示意不同功能性质的区域，并给出图例或直接在线框内标注出区域名称。功能分区图要求能够体现各功能区的位置及相互间的空间关系。功能区的形态根据表达的需要可以是方形、圆形或者不规则图形。每个区域用不同的颜色加以区分，线框通常为具有一定宽度的实线或虚线。

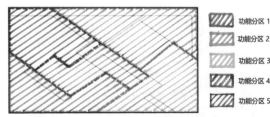

功能分析区图表示法

（2）景观结构图

景观结构图主要表达平面图中主要景观元素之间的关系，景观设计中的元素分为出入口、景观广场、景观节点、景观轴线、主要道路和水系等。出入口可以用箭头表示；景观广场、景观节点可以用圆形表示；景观轴线、主要道路可以用直线、曲线表示；水系一般用蓝色线条勾出轮廓表示。

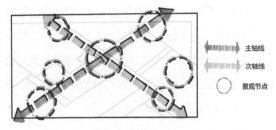

景观结构分析图表示方法

（3）交通结构图

交通结构图主要表达出入口和各级道路之间的流线关系，包括基地周边的主次道路、基地内部的各级道路、出入口和集散广场等。绘制时用不同的线宽与色彩标注出不同的道路流线，用箭头标注出入口。

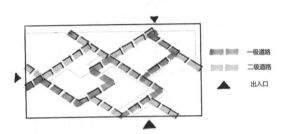

交通结构图表示方法

（4）视线分析图

视线分析图主要表达景点之间视线上的联系，包括主要观景点、视线、视距和视角等。

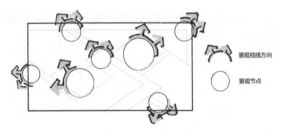

视线分析图表示方法

7.1.2 平面图

平面图是快题设计图纸的重要组成部分。平面图表现了设计者的设计思想和理念。平面图的设计内容一般包括出入口、道路、植物、构筑物、水体、山石等。在设计平面图时，需要根据具体的项目要求设置合理的空间关系、功能布局和细部形态，结合设计规范把握正确的设计尺度。在绘制平面图的过程中，需要分清景观的主次关系，使主题表达明确。

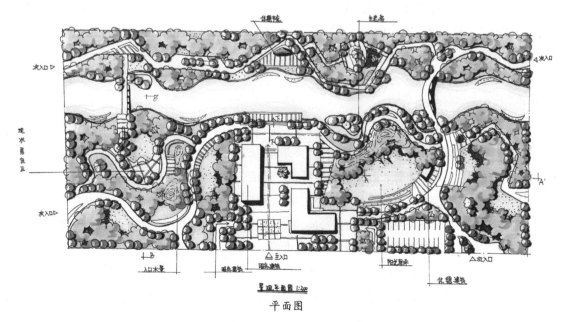

平面图

绘制总平面图时应该清晰明了，突出设计意图，具体要注意以下几个方面。

（1）采用恰当的比例是绘制总平面图的基本原则

图例不仅要美观，还要简洁，以便绘制。其形状、线宽、颜色以及明暗关系都应合理安排。

在设计和表现时，尽管有时采用的图示未必会影响总体功能布局和景观的合理性，但在专业人士看来它是非常刺眼的，这会影响他们对图纸的第一印象。

（2）图底关系明确，表达清晰

平面图相当于从空中俯瞰场地，除了通过线宽、颜色和明暗来区分主从外，还可在表现中通过上层元素遮挡下层元素以及阴影，来增加平面图的立体感和层次感。

画阴影时注意图上的阴影方向要一致，阴影一般采用45°角，北半球的物体阴影朝上（图纸一般是上北下南）是合乎常理的，但是从人的视角习惯来看，阴影在图像的下面会让物体显得更有立体感。因此在一些书刊上出现的阴影在下（南面）的情况并非作者粗心马虎，而是为了取得更好的视觉效果。

一般来说，中小尺度的场地，尤其是景观节点平面，增加阴影可以清楚地表达出场地的三维空间特点，寥寥几笔阴影，用时不多，效果却很明显。有些初学者对于阴影的画法不是很重视，绘制过程中除了有阴影方向不统一的问题，在绘制稍微复杂的形体时，还可能出现明显的错误。但实际上通过几次集中的练习，即使是较复杂的硬质构筑物的平面阴影，也是很容易绘制出来的，因此一定要认识到阴影的重要性并勤加练习。

（3）主次分明，疏密得当

图中重要场地和元素的绘制要相对细致，而一般元素则用简明的方式绘制，以烘托重点并节约时间。有的学生把树列画得非常细致，单株效果很好，但是耗时太久，而且容易削弱图面的整体效果。一般来说，总平面图上能区分出乔灌木、常绿落叶即可，只有专项的种植设计需要详细绘制，甚至需要具体到树种。对于快题考试而言，重在考查整体构思，大多不必详细标出树种名，因此图上宜以颜色变化为主，辅以不同轮廓、尺度来区分不同的树木，对少数孤植树重点绘制即可。

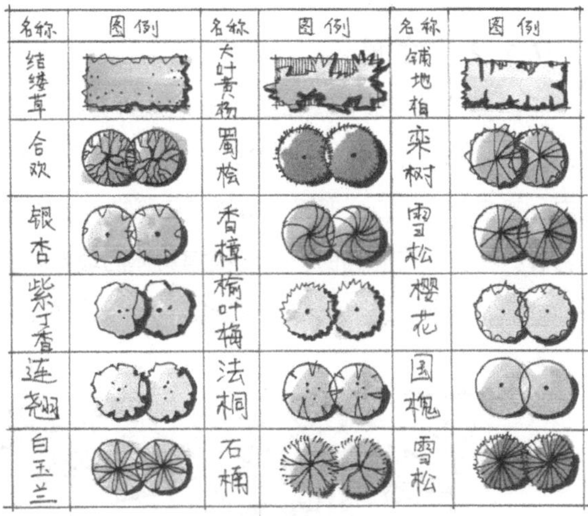

植物图例表示方法

（4）内容完善，没有漏项

一定不能忘记指北针、比例尺和图例说明，要注意图纸大多以上方为北，即使倾斜也不宜超过45°。指北针应该选择简洁美观的图例。比例尺有数字比例尺和图形比例尺，图形比例尺的优点在于图纸扩印或缩印时能与原图一起缩放，便于量算，一般在整比例（如1：100、1：200等）的图纸下面最好再标上数字比例尺，便于读图者在查验尺度时进行转换。数字比例尺一般标在图名后面，图形比例尺一般标在指北针下方或者结合指北针来画。上述问题都是表现中的基本问题，但正是这些基本问题可能会影响设计过程是否流畅、设计成果是否规范。

总平面图是所有图纸中最重要的图纸。它是大部分场地信息的反映与集合，在实际项目中显得尤为突出。在老师阅卷的过程中，总平面图的好坏甚至直接决定了该卷的档期走向。按照不同的面积，可以将总平面图分为两类，大地块与小地块。以10 000 m² 为界，两类地块在快题中的切入点与表现方法差异较大。考生按照下面的快题思路与绘制顺序加以训练并举一反三，可起到事半功倍的效果。

7.1.3 剖面图与立面图

　　景观的剖面图与立面图主要反映标高变化、地形特征、高差的地形处理以及植物的种植特征。建议画出具有代表性、变化较丰富的立面图与剖面图。有些考生为节约时间，往往会选择画最简单的立面图和剖面图，甚至在考前的练习中也避重就轻。但实际上，若在构思平面图时就已经考虑到竖向的划分，那么在平面图定稿后，绘制复杂的立面图或剖面图也不会花费很多时间。在紧张的考试中，平面图上常会有表现不全面之处，而绘制立面图或剖面图则可以弥补平面图上的不当或者不易表现之处，甚至为整个方案锦上添花，也可以让阅卷人了解到你训练有素的设计素养。

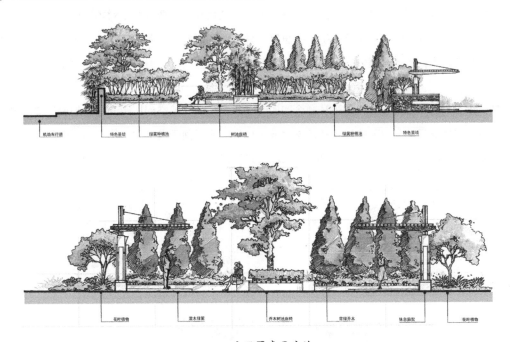

立面图表示方法

　　设计中理想的状态是平面图、立面图、剖面图同步进行、相互参照。然而，实际情况是很多考生难以在短时间内把平面和竖向关系处理得面面俱到，往往只是经过简单的草图构思，画完平面图后再画立面图。这样，再画剖面图时，常常会发现平面图需要进行局部调整，但在考试中再回头更改平面图已不可能了，因此不妨把调整和优化后的立面图和剖面图画出，只要与平面图出入不大即可。

　　平时练习时也应该选择最具有代表性的剖面图与立面图进行练习，多练习几次就会越来越得心应手。

　　在立面图、剖面图中，应注意加粗地平线、剖切符号，被剖切到的建筑和构筑物也要用粗线表示，图上最好有三个以上的宽线等级，这点往往容易被非建筑学专业的学生忽视。

　　剖面图和立面图绘制常出现以下问题：

　　①元素缺乏细部，甚至明显失真；

　　②尺度不当；

③地形，在立面图和剖面图中用地形剖断线和轮廓线来表示；

④水面，用水位线表示；

⑤树木，应该描绘出明确的树形，注意不同树种的绘制与配置、色彩变化与虚实的对比；

⑥构筑物，用建筑制图的方式表示。

平时要注意收集剖面类型，如道路横断面，以及驳岸、喷泉水景和小广场的剖面图等。熟记一些常见的剖面图和立面图的景观元素，如各种形态的立面树的表达、各种水景的立面表达、亭廊的围合等。建议考生在考前对立面图和剖面图进行充分练习。剖面图在景观设计中虽然不像在建筑设计中那么重要，但是对于空间安排和功能布局有重要的辅助作用。在时间充裕的情况下，即使考题中没有做明确要求，也可以绘出剖面图作为平衡图面的要素。

7.1.4 方案草图

通过分析项目任务书，对项目进行综合了解和分析，结合现状及要求开始对场地进行空间构思，在平面图中反映出各空间属性的对应关系。初步构思是一种草图的概念，很多地方不一定一次性定稿，因此在整体草图构思的时候，应该从整体去考虑，一些地方会反复调整改动，最终展现出一个比较完整而简练的平面布局空间。

虽然只是在构思平面布局，但是设计师会同时考虑其相应的高差空间，因此这时的设计构思是立体空间和平面布局穿插进行的。成熟的设计师应该很准确地把握好平面图推敲到立体空间中的尺度和结构。当方案的初步构思完成时，相应的平面草图也就完成了，这时的图面有很多的设计痕迹，所以称之为构思草图。

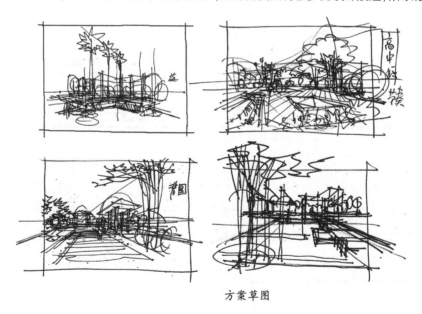

方案草图

7.1.5 标注

标注一般包括指北针、比例尺、景观景点名称、周边环境信息、图名、主题字、植物名录和竖向信息、出入口符号等。

（1）比例尺

比例尺分为 1：200、1：300、1：500、1：1000 四类。不同比例尺的绘制深度与要求都不一样。

①1：200的比例，有些接近建筑设计或环艺设计的比例，画面需要比较精细，很多对象的细节都需要勾画出来，如树池周围的铺装砖石等需要勾勒清楚。一般面积在5000 ㎡以下的地块用这种比例居多。

②1：300的比例与1：200的类似，不过这类比例的图纸在快题中很常见，适用于面积为5000~30 000 ㎡的地块。这类快题需要着重表现出一定程度的细节，如行道树要画出一定的枝干部分。许多物块都需要画双线。

③1：500的比例是考研中最常见的一种比例形式，这也要求考生在平日里多加练习这类尺度的题目，避免尺度失衡。这类快题需要着重表现一定的场地结构关系，各节点要有一定程度的表达。行道树中心画点外画圈即可。

④1：1000的比例，一般80 000 ㎡以上的地块需要用这种比例。这类快题基本上考查考生的空间组织能力与分区能力，对单个节点的平面设计及造型设计的考查不多。

（2）指北针

①指北针需要注意的问题有，图纸的上方一定是北，树及其他物体的阴影要打到北面。

②风玫瑰不需要画得很精细，但是要注意的是我国西北风和东南风居多，如果不这么画可能让阅卷老师产生疑问。

比例尺与指北针也是快题后期的重要组成部分。这个本来是形式上的内容，但是考试时由于时间紧张，许多考生都会遗漏这个部分，这样在阅卷时老师若发现考生没有绘制比例尺与指北针就会觉得考生缺少绘图常识，从而对考生造成极不好的影响。基于以上原因，考生要切记这一点。

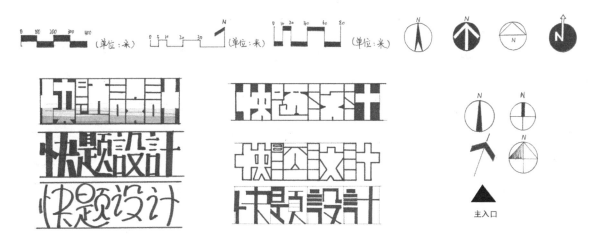

图纸标注

7.1.6 设计说明与指标

1. 设计说明

设计说明要简明扼要地表达设计意图，内容涉及场地分析、立意布局、功能结构、交通流线、视觉景观、植物规划和预期效果等。每个要点用一两句话概括即可；形式上要排列整齐、字体端正；每个段落可以提炼出一个关键词，或在段落前加上序号或符号，给人以思路清晰、条理分明的感觉。下面为一个优秀的设计说明范例。

①习家池是中国现存的早期私家园林之一，具有重要的文物价值，所以在快题设计中力图再现中国早

期私家园林的意境，突出魏晋郊野园林的韵味。

②以禊饮园、竹林、松林、果园、百花园和田庄表现魏晋园林景观，在设计中点缀楼、观、亭，让建筑融入环境。

③根据历史文献的记载和描写习家池风景的诗歌，恢复或重建习家池中原有的经典，从而增加习家池园林的文化底蕴。

2. 经济技术指标

经济技术指标也是快题中的重要组成部分，常见的指标有场地面积、绿地率、游客量、水体面积率、道路面积率、建筑面积、建筑密度、容积率和停车位等。

经济技术指标表示方法

指标名称	数量
总用地面积	46 279 m²
总建筑面积	14 5021 m²
地上总建筑面积	112 923 m²
容积率	2.44
地下总建筑面积	31 500 m²
建筑占地面积	12 495 m²
绿地率	35%
机动车位	525 辆
建筑密度	27%

7.1.7 排版

排版即将上述图纸组合在一起。版面布局是评图者在具体辨识设计内容之前，对设计者专业修养的第一印象。因此，不仅方案内容要好，排版也很重要。

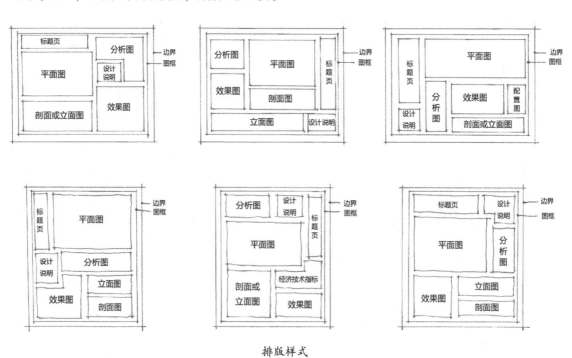

排版样式

具体版面安排，应该注意以下几个方面。

（1）图纸大小与版面布局

试题若对图纸大小有明确要求，请务必遵守。若不明确，应与报考学校的研招办联系进行确认。如果没有特别要求的，建议采用大号图纸以便将全部内容表现在一张图纸上，这样做有利于节约时间，方便作图与老师评图。

（2）图面排版匀称

任务书中要求的各分项的工作量、精彩程度各不相同，如总平面图上要素最多，幅面最大；立面图和剖面图的图面内容较少，多呈长条形；鸟瞰图、透视图非常直观具象，往往最引人注意；分析图抽象概括，由几幅小图组成；文字部分要条理清晰，形式简洁明快，不能喧宾夺主；指标分析多以表格形式出现，文字和指标较为理性、概括，宜放在总平面图或分析图的旁边。

（3）排版填空补白

在排版时，各单项中间难免会出现较大的空隙，尤其当基地形状不规则时，这就要进行适当处理，避免凌乱。例如，总平面图周围可以结合比例尺、指北针以及文字说明进行布置；在透视图或鸟瞰图周围可以加上缩小、简化的总平面图，并标明视点、视线和视角。当不同的立面图与剖面图上下排版时，如果有长短差别，可以通过采用等长的背景作为统一的手段，避免参差不齐。

（4）考虑绘图方便

在快题考试中，排版除了要考虑上面所说的美观因素外，还要方便合理以利于节约时间。在景观快题考试中，将最好总平面图与立面图或剖面图安排在一张图纸上，如果剖面图与水平线平行，即可用总平面图往下拉线并在立面图或剖面图上确定元素的水平位置。

7.2 节点设计思路与赏析

本书按照设计要素，将节点分为矩形、圆形、折线、弧线、三角形及混合形等六种类型，为学习者提供了以下节点设计案例以供参考。

1. 以矩形为设计要素

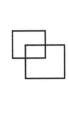
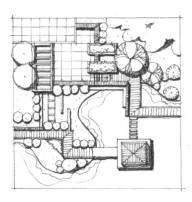
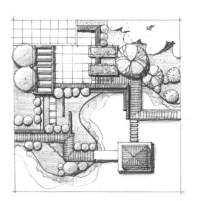

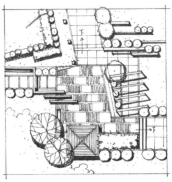
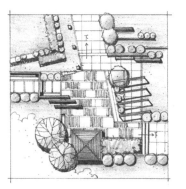

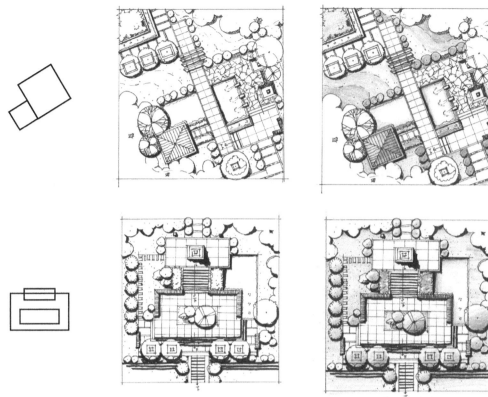

2. 以圆形为设计要素

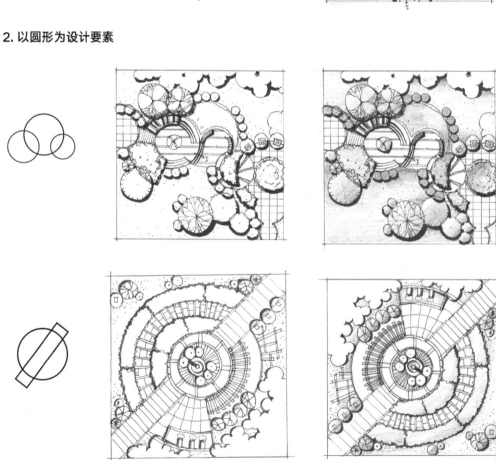

3. 以折线为设计要素

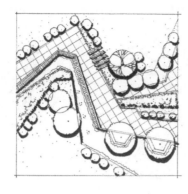
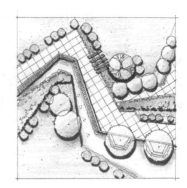

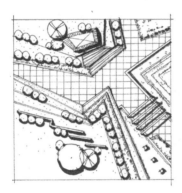
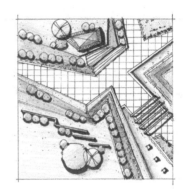

4. 以弧线为设计要素

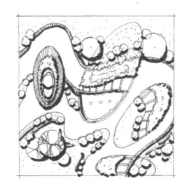

5. 以三角形为设计要素

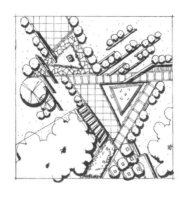
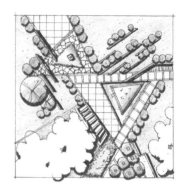

6. 多要素混合设计

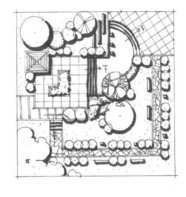
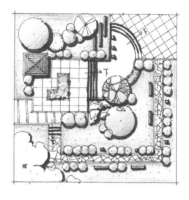

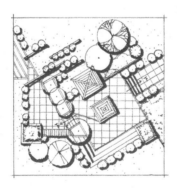
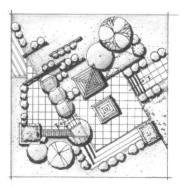

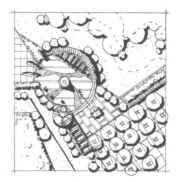
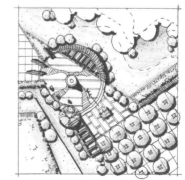

7. 节点设计赏析

本书按照功能需求将节点分为入口、水景、广场、中心节点、高差处理、轴线等六种类型，为学习者提供了以下节点设计案例以供参考。

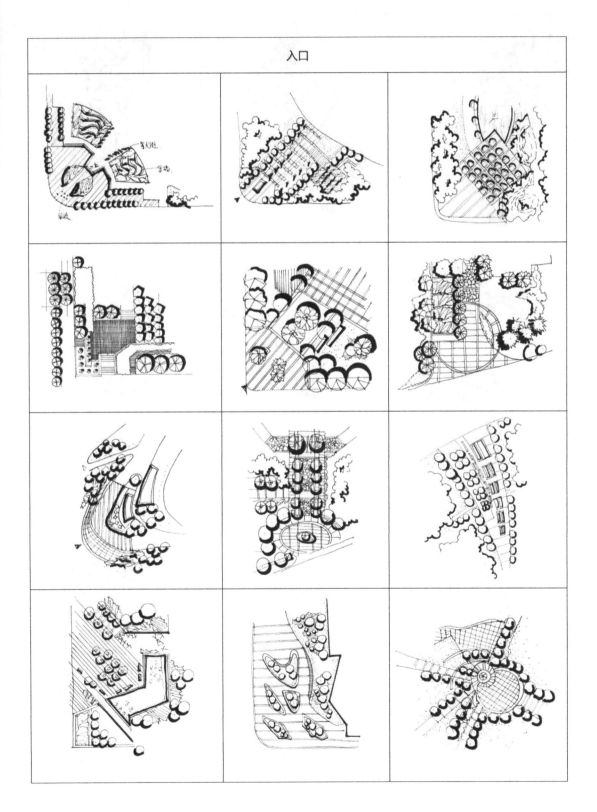

第 7 章　景观快题设计方法

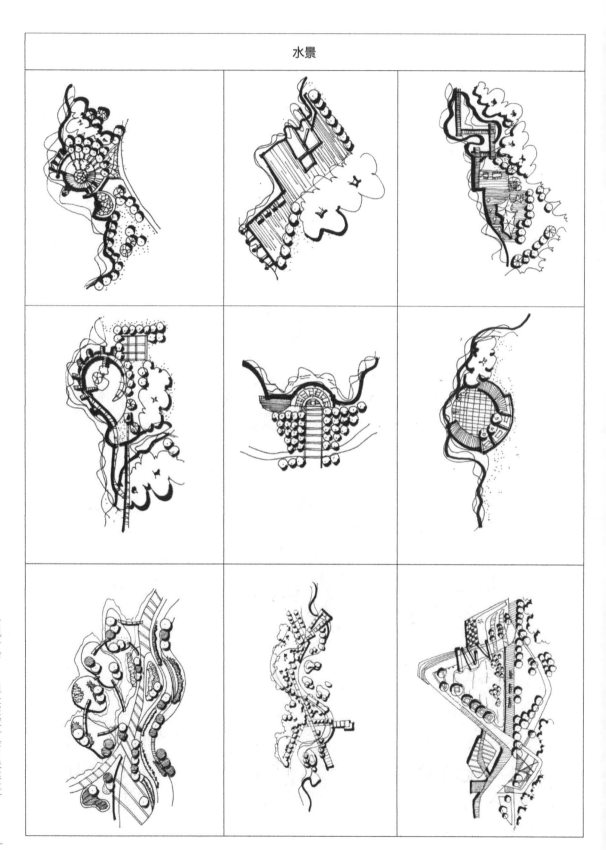

水景

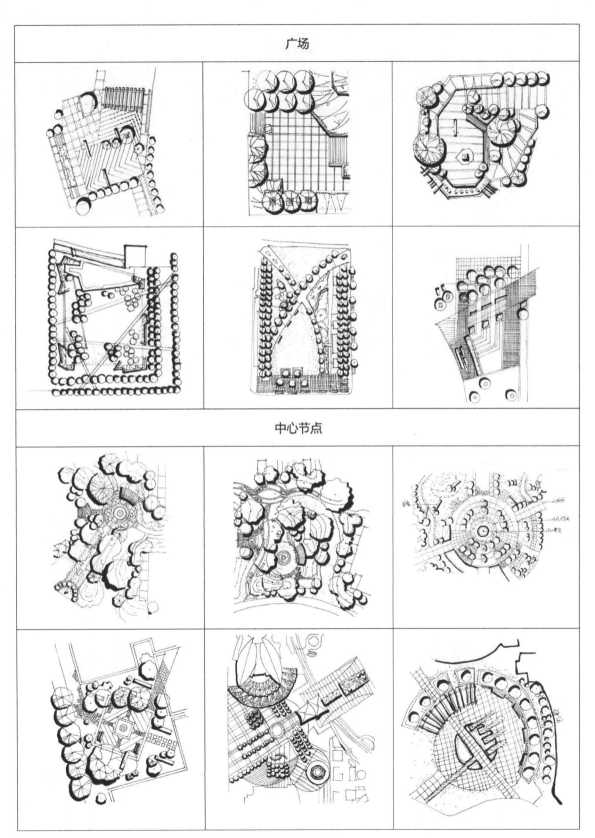

第 7 章 景观快题设计方法

高差处理		
轴线		

景观手绘——21天突破手绘与快速设计

第 8 章 景观快题设计技法详解

　　快题考试通常要求考生在几个小时的时间内做出一套方案，通常包括总平面图、立面图、剖面图、鸟瞰图、透视图、各类分析图，甚至有时包括铺装或植物配置的节点放大图等图纸。因此，熟练掌握操作步骤能够争取充足的考试时间，达到事半功倍的效果。本章将从图纸要求、命名、设计说明、地块规模等方面，对快题步骤进行详细讲解，帮助考生理清思路。

8.1 平面图画法步骤解析

8.1.1 小地块平面图步骤详解

　　小地块设计往往是农林类与环艺类院校快题考试中最常见的考查内容，着重考查考生的植物造景能力、空间围合能力以及空间构图能力。小地块设计基本上不讲求功能分区与园路等级，主要看重考生的平面构成能力与细节体现能力，随着地块增大，场地的铺装率降低，绿化率提高，功能分区与园路等级会体现得尤为明显。

　　农林类院校的景观专业往往是由植物造景或植物配置专业发展而来的，所以一般快题给出的地块面积都不太大，着重考查学生的植物认知能力、植物搭配能力、空间营造能力，对建筑规划的规范考查不多。

小地块示例

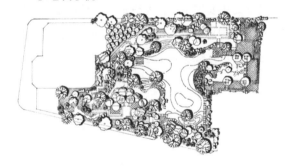

①完成线稿

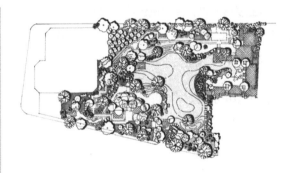

②给草坪及地被植物上色

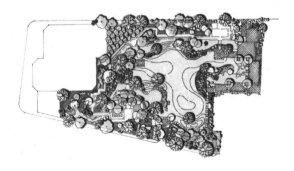

③给植物、水体上色，上色时注意冷暖色搭配

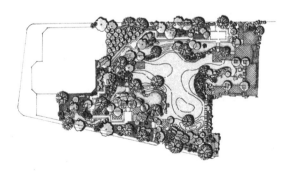

④画出水体阴影，进一步加深植物色彩

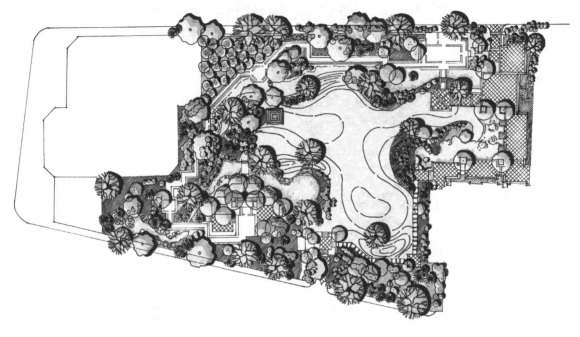

⑤用亮色马克笔对部分植物提亮，细化层次，完善画面

8.1.2 大地块（面积大于 1 公顷）快题设计步骤详解

　　大地块设计是近年来建工类院校考研快题的主流考查内容，因为建工类院校的景观专业往往由城市规划专业发展而来，景观设计往往由风景区规划演变而成。基于这种发展背景，考研时快题给出的地块的面积不会太小，往往在 1 公顷以上。考试比较注重考查学生的宏观规划能力，具体体现在对路网结构、景观结构、空间关系等方面的把握能力，因此学生在考研时，宜从规划的思维角度进行分析与绘制。

大地块示例

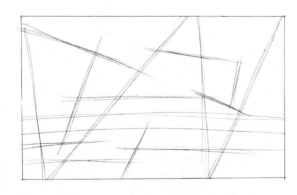

①铅笔草图，大致确定分区，以及主次道路走向

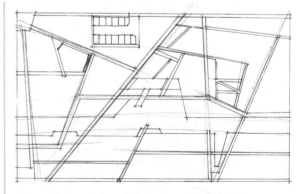

②墨线草图，确定道路基本形，确定停车场布置形式

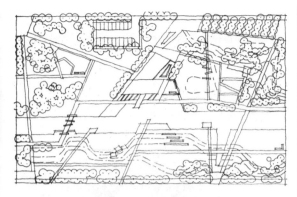

③确定大体形式，初步确定植物配置形式

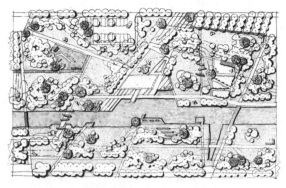

④马克笔上色，首先铺草坪及水体的颜色

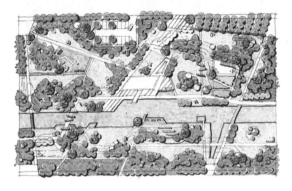

⑤完成其他树种的颜色，重点部位增添色叶植物颜色

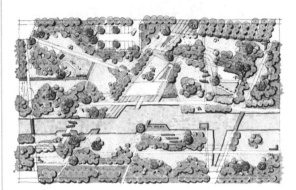

⑥刻画及完善图纸细节

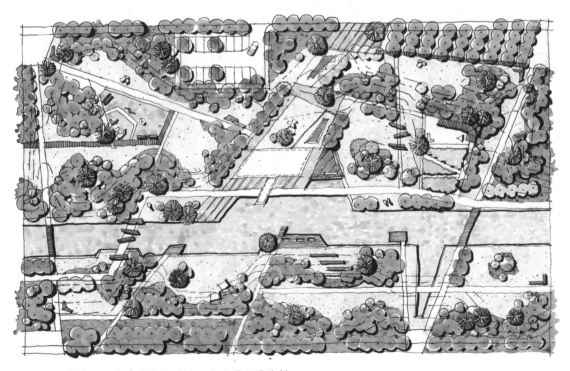

⑦整体把握颜色，调整部分色彩关系，完成平面图绘制

8.1.3 平面图上色练习详解

平面图上色是快题设计过程中极为重要的一环，上色的好坏直接影响全卷的分数。前面线稿没有画好或没画细致不要紧，好的色彩可以极大地弥补这一劣势。

平面图上色示例

示例一

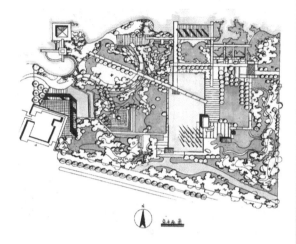

①在完成线稿的基础上，先给草坪和水体上基本色，分清图底关系

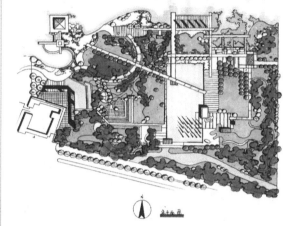

②给云、树上色，比草坪的色号重一点，逐步拉开关系

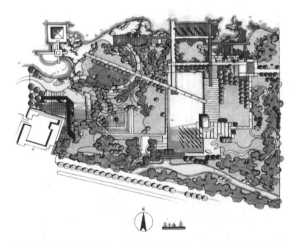

③给硬质铺装上色，表明材料质感，并用亮色的马克笔给少部分的植物提亮，与其他植物进行区分，丰富植物种类色彩

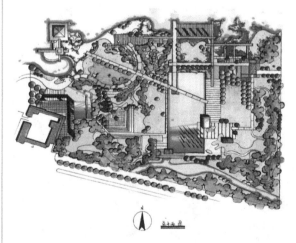

④用深蓝色勾画出水岸线的轮廓，使水体也有一个层次关系。完善画面，对暗面进行重色叠加，丰富层次

示例二

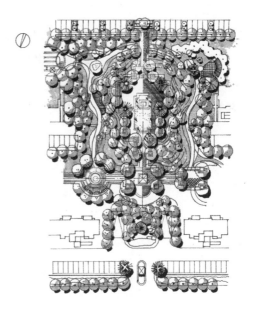

①完成线稿，加上阴影

②用马克笔上色，表现出物体的基本色

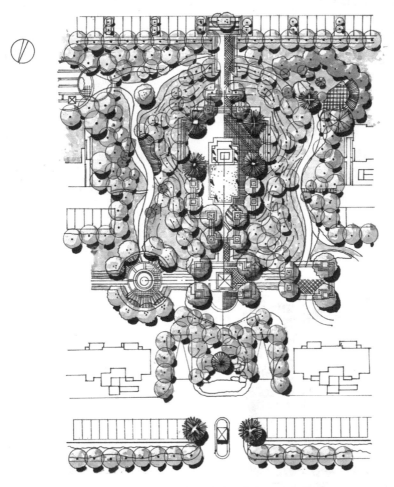

③丰富画面色彩，给暗面加重色彩，或用相同色号马克笔叠加颜色，逐步完善画面

8.2 快题套图步骤解析

　　效果图和鸟瞰图的画法解析已经在前面有过详细介绍，根据快题表现技法进行整合，将上述图纸进行组合，在此展示两套从平面方案到立面图绘制，最后完成鸟瞰图的套图，以供参考。

8.2.1 平面图

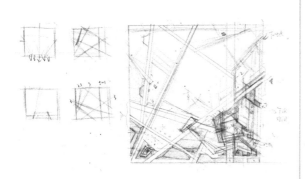

①根据题目要求绘制平面图铅笔草图

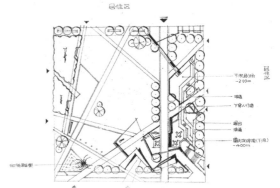

②深化草图方案，完成线稿平面图绘制

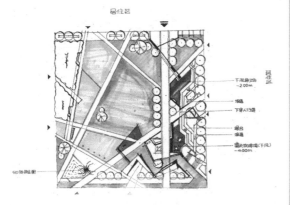

③用较浅的绿色区分草坪基底

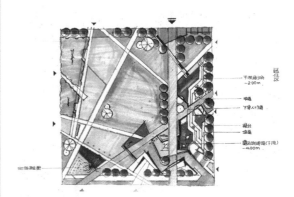

④丰富色彩，做进一步刻画

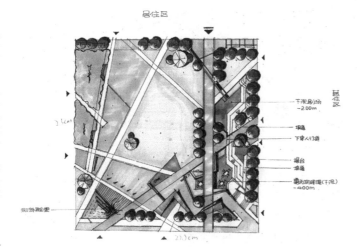

⑤整体把握色彩，在画面中区分冷暖关系

8.2.2 剖面图

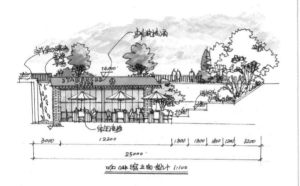

① 在平面图布局完成后，根据剖切的方向和长度，剖切出相对应的剖面图

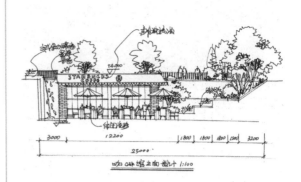

② 深化剖面，做出重点设计的标注

③ 铺建筑的底色，对天空进行简单渲染

④ 丰富画面，刻画出细节

8.2.3 鸟瞰图

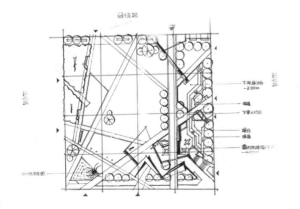

① 将平面图划分为十六个网格

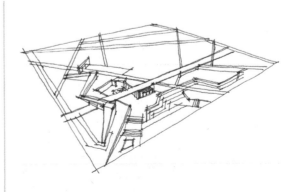

② 根据网格在图上绘制鸟瞰图

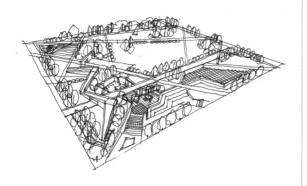

③丰富画面，加上植物。鸟瞰图的线稿完成　　　　④给鸟瞰图上色，首先铺底色，给竖向树画投影。然后给建筑铺色，给水体铺色。最后整体调整配色，强调明暗关系

8.3 小尺度场地设计思维步骤

8.3.1 街头小游园案例分析

小尺度场地可被理解为各种交往场合中人与人之间交往距离相对较小、围合较封闭、交往强度相对较大的空间。可以是庭院、天井、中庭、楼间隙、屋顶花园等形式。像我们经常接触到的游园空间元素，如雨廊、山墙、铺装、雕塑、壁画、凉棚、座椅、路灯、喷泉、水池、草皮以及修剪过的树木等均属小尺度城市景观。

如果说大尺度景观是大家闺秀端庄稳重，那么小尺度花园就如小家碧玉。相比大尺度的随性和开敞感，小尺度致力于每一处细节的营造和体验。在人们的日常活动中，公共小尺度景观与人的活动关系密切，比如街角公园、商业广场绿地、学校休闲绿地……这些绿地服务于人们的日常生活，是休憩的驿站。本案以街头小游园为例，进行小尺度案例的解析。

（1）街头小游园的定义

街头小游园是指在城市干道旁供居民短时间休息、活动之用的小块绿地，又称街头休息绿地、街头小花园。

（2）街头小游园的设计要点

街头小游园规划设计要点包括：特点鲜明突出，布局简洁明快，因地制宜，力求变化，小中见大，充分发挥绿地的作用，组织交通，吸引游人，硬质景观与柔质景观兼顾，动静分区等。

（3）对周边环境因素的分析

街头小游园与周边环境相互依存并发生着密切的联系，在空间上成为一体。因此，要从整体的角度研究街头小游园与周边环境的关系。对街头小游园影响的周边环境因素中主要有交通、建筑、噪声的影响等。

①对交通的分析。

城市交通是一个城市发展的基础和前提，是城市经济活动和市民生活必不可少的社会公共资源，是构成城市总体环境的要素之一。城市交通起着将街头小游园与其他各个部分连成一个整体的作用。城市交通

对街头小游园的作用是不能忽略的。

A. 车行交通和人行交通的分析。

我们首先要弄清楚车行道和人行道的等级，主干道和次干道的等级。等级越高，车流速度越快，车的数量越多，人进入街头小游园的可能性越小；反之，车行道的等级越低，车流速度越慢，人进入街头小游园的可能性越大。

B. 车行交通对人行交通的影响。

汽车在道路上行驶遇到最多的是行人，特别是大、中城市道路上行人更多。行人是道路交通中的要素之一，不同的人有不同的心理，所表现出来的行为也是多种多样的，因此，汽车与行人发生的交通事故是一个较为突出的交通问题，我们必须高度重视。

②对周边建筑的分析。

街头小游园周边建筑的性质影响绿地的设计和功能。我们通过现场调查明确周边建筑的性质，提供给人们一个舒适而美好的休闲憩息场所。

③对噪声的分析。

城市噪声的主要来源有交通噪声、工厂噪声和生活噪声。为了减少噪声对人的影响，我们要合理规划，增加植被覆盖率，创造出良好的绿化，构成简洁、大方、鲜明、自然、开放的景观。

④人的活动类型以及对应的设施和场地。

人的休闲活动，如散步、乘凉、垂钓等；体育运动，如慢跑、溜冰等；娱乐活动，如跳舞、放风筝、玩滑板等。

8.3.2 小尺度景观案例分析

1. 题目

（1）场地概况

某城市拟在图示例围中进行环境改善。该场地呈长方形，南北长 40 m，东西宽 20 m，地势平坦。

（2）设计要求

①允许对原有地形进行合理的利用与改造；

②考虑市民晨练及休闲散步等日常活动，合理安排场地内的人流线路；

③可酌情增设花架与景墙等内容，使之成为凸显城市文化的要素；

④方案中应充分利用城市河道，体现滨水型空间设计；

⑤种植设计尽可能利用原有树木，硬质铺地与植物种植比例恰当，相得益彰。

（3）图纸要求

①总平面图 1 ：200；

②局部绿化种植图 1 ：200；

③景点或局部效果图 4 幅，其中一个为植物配置效果图；

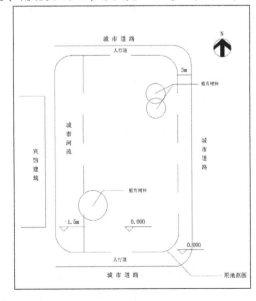

④剖面图 1 ∶ 200;

⑤ 400 字的设计说明。

（4）其他要求

①图纸尺寸为 A2;

②图纸用纸自定，张数不限，但不得使用描图纸与拷贝纸等透明纸;

③表现手法不限，工具线条与徒手均可。

2. 解题分析

（1）定性

小尺度街头绿地。

（2）周边环境分析

①交通：南面、北面及东面临城市道路，应考虑汽车噪声的隔离以及场地内部交通与城市道路的衔接关系。

②水文：西面临城市河流，河流没有污染，其日常水位线与岸边高差为 1.5m，意味着可以考虑亲水功能，可适当设置亲水平台及游步道。

③建筑：河对面为宾馆建筑，需要满足外来游客对本市的文化体验，并考虑绿地的观光功能。

（3）基地内部现状分析

①植物：三棵原有树，根据题目的限制因素分析应当保留植物，树形优美的大树或彩叶树及观花树等可与草地结合，以观赏为主，也可结合铺装形成林下休息空间。

②地形：基地内部地势平坦，竖向设计以尊重场地现状为宗旨，避免大动土方，可适当调整地形来增加活动的趣味性。

（4）功能性分析

①市民晨练：主要考虑老年人的使用，因其对小游园的使用频率较高，应设置方便老年人的小型健身广场、适合老人休憩的空间以及交流的空间，但考虑到本案尺度较小，因此需要考虑复合型功能的场地。

②休闲散步：满足各类人群观赏、交际、休憩的需求，设计出健身步道、游步道或滨水走廊等，以及花架和座椅等休息设施。

③城市文化：可从两种寓意来体现，第一种是最直观的表达方式，即将城市的某种文化演变为一种"符号"，把此符号以整个绿地的构成形式来明喻城市文脉。第二种是比较隐晦的表达方式，比如通过景墙、雕塑等小品来传达城市的文化信息，切记小品的尺度要与场地尺度协调。

④利用城市河道：水乃生命之源，观水文化从古流传至今，观水怡情，听水悦耳。水系可以改善小气候，为满足人类的亲水需求，可进行滨水空间设计，如近水驳岸和亲水平台或滨水走廊等，达到借用场外河流景观给场内绿地平添乐趣的效果。

（5）确定主题

即设计理念的思考，也是设计者灵感的来源，设计主题如同一篇文章的中心思想，有了中心思想才能使整个方案紧扣设计中心不跑题，也使得整个方案富有内涵，更具活性。

3. 步骤详解

①绘制前期泡泡图。

此步骤为做方案的第一步，也是非常重要的一步，这是设计者对场地内外环境的分析、功能的分析、景观结构和道路流线的分析，是统领全局的首要步骤。在绘制泡泡图的时候就在大脑里构思好如何利用或处理场地的现状条件及各项限制因子，在满足设计合理性的前提下，确定好每个功能区的大致位置。接着思考景观轴线的走向，并确认每个功能区与轴线的关系。

本方案以东面的城市道路至河对岸的宾馆建筑为景观轴线的起始点，主轴为东西走向，次轴线为南北走向，主入口设置在场地东部中心位置，南北各设置一个次入口，以主入口为起点，在主轴沿线设置中心活动区（场地腹地）——中心滨水景观区；本方案主要是处理好场地与河道的关系，因此可多设置滨水景观，西北角为生态滨水区，西南角为休息区，东北角为树阵活动区，在临街地段需做隔离处理。

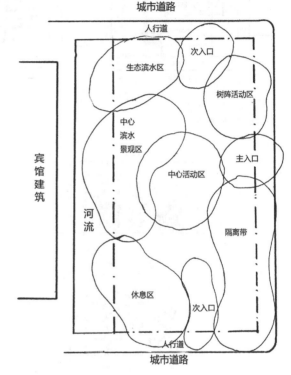

②绘制方案形式构思图。

道路是整个方案的设计骨架，是串联每个功能区的纽带。结合景观轴线进行道路流线设计，将每个功能区转换为不同的景观节点，而零散的景观节点就需要道路来串接成统一的整体。构图形式是每个方案的设计语言，是将艺术法则运用到景观设计的媒介。

小尺度场地的道路形式在满足游览功能的前提下力求清晰明了。本方案由于地块形态限制，采用带状结构的道路形式。采用矩形构图形式，注意每个区域衔接的合理性。

③进一步深化、构思构筑物和主要植物以营造不同的空间，包括入口、中心活动区和滨水区的开放空间，休息区的半开敞空间，树阵休息区的覆盖空间以及隔离区的封闭式空间。

④最终细化铺装形式和植物配置形式，完善整个方案。

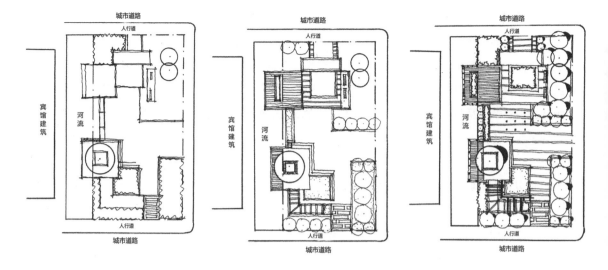

4. 草图方案

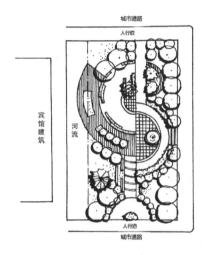

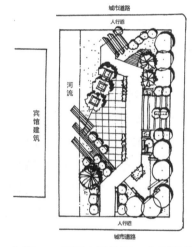

方案一：采用直线加弧线式构图，引人注目。中心节点突出，布局合理。滨水处理较弱。

方案二：采用直线构图，构图整体性强，但中心节点形式可进一步修改。

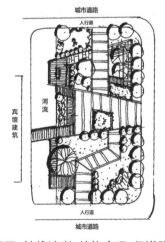

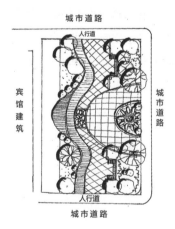

方案三：轴线清晰，结构合理，但道路尺度较大。

方案四：采用曲线式构图，引人注目，但节点有些单一。

5. 平面图绘制步骤

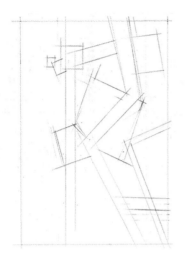

①用铅笔绘制大致的形式，以及每个场地的位置

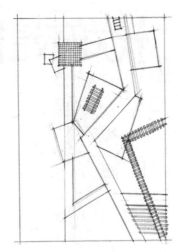

②用针管笔上墨线，并加上细节

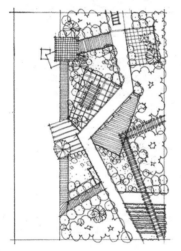

③继续画植物和铺装

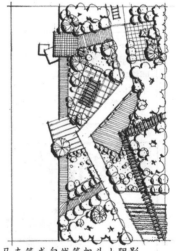

④用黑色马克笔或勾线笔粗头上阴影

⑤用彩铅和马克笔上色

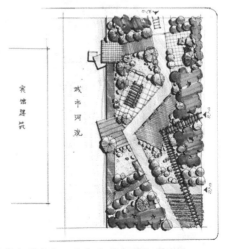

⑥完善色彩，包括水体和其他点缀色

6. 学生方案展示

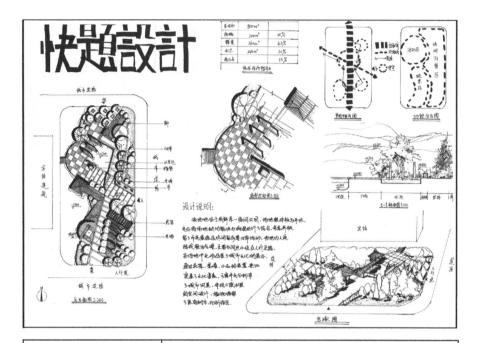

表现手法：墨线笔＋马克笔	**方案点评：** 该方案结构清晰，整体规则式布局，中心突出。
图纸大小： A2 绘图纸	道路系统清晰明确，多以开敞空间为主，满足各类人群的休
用时： 3h	憩、交流等需求，方案的空间设置丰富，整体排版整洁干净，
题目出处： 南京林业大学	鸟瞰图选择角度好，因此这是一幅优秀的快题作品。

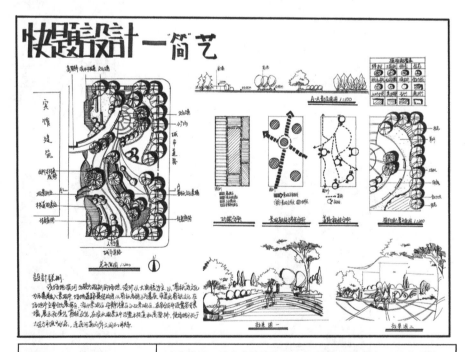

表现手法： 墨线笔＋马克笔	**方案点评：** 该方案整体构思清晰明了，结构流畅，从点到面，
图纸大小： A2 绘图纸	中心突出。整体上多采用流畅圆滑的曲线，布局整体感强烈。
用时： 3h	空间分割上大多采用植物区域种植进行柔性分割，空间功能
题目出处： 南京林业大学	性强，能够满足人群的休憩、游玩、交流等活动要求。

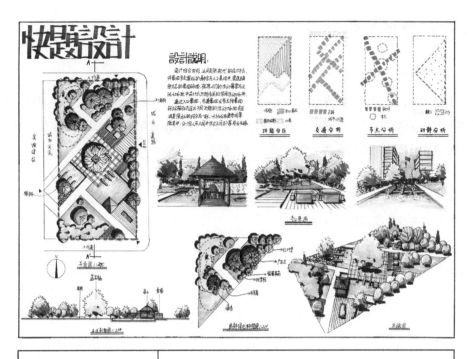

表现手法：墨线笔 + 马克笔	方案点评：该方案结构条理清晰，采用几何式规则布局，中
图纸大小：A2 绘图纸	心突出。道路与各个空间区域关系明确，整体空间以开敞式
用时：3 h	或半开敞式为主。用以满足游憩、观赏、交流等需求。植物
题目出处：南京林业大学	配置和空间的衔接上相得益彰，空间分割简约，但在结构层
	次上丰富多彩。整体排版布局清楚明了，鸟瞰表达效果良好。

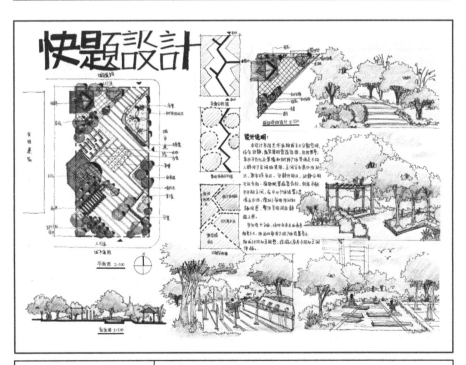

表现手法：墨线笔 + 马克笔	方案点评：该方案结构清晰，整体规则式布局，中心突出。
图纸大小：A2 绘图纸	道路系统清晰明确，多以开敞空间为主，满足各类人群的休憩、
用时：3 h	交流等需求，透视图选择角度好，色彩丰富，透视感染力较好，
题目出处：南京林业大学	但空间设置过于单调简单，整体排版略显混乱。

8.4 中尺度场地设计思维步骤

8.4.1 中等尺度场地设计

中等尺度空间是为居民提供各种交往距离相对适中、交往强度相对较大的户外活动场所。它满足公众休闲的基本需求，提供了宜人、温馨的景观交往空间，促进了自发性与社会性活动的发生。本案以滨水绿地为例，进行中等尺度空间的阐明。

城市滨水绿地是城市中重要的典型生态交错空间，是构建城市公共开放空间的重要部分。滨水绿地景观不仅可以美化城市环境，还可以平衡城市生态系统，调节城市小气候，因而成为城市中极具活力的地区之一。其设计要点主要体现在如下几个方面。

（1）景观空间序列的设计

滨水绿地是一条线性景观生态廊道，因此，在滨水绿地景观建设中，用蜿蜒的游览步道串联起一个个景观空间，通过虚实、开合的空间变化设计形成多元的游览空间单元，达到步移景异的景观空间序列效果。以休闲、旅游、观光为主的城市滨水景观道路，其休闲设施以行人服务为主，园林建筑、雕塑、艺术小品等设施的设计要简洁明快，突出生态人文精神，并具有艺术性、文化性、趣味性和观赏性。

（2）景观主体结构设计

滨水景观植物群落的结构主要体现多样、统一的原则。

（3）设计结合自然要素，考虑节约型园林

作为滨水绿地景观的构成要素之一，植物既是滨水绿地景观中的主体，又是绿地中其他景观要素得以展现的基质。

（4）设计应注重传承历史文化

城市在不断发展，滨水地带也随之更新，原有的用地功能日益退化，直至完全不能适应城市用地要求，最后被改造为作为公共空间的滨水绿地。

8.4.2 南方某城文化公园景观设计

1. 题目

在南方某市风景优美的滨水地区，拟建一小型文化公园，面积约 2.51 公顷（其中水面约 0.5 公顷）。文化公园东侧为一办公楼，西侧为文化馆、中学用地（规划），现进行该文化公园的规划工作。

（1）规划设计内容包括

①小型文化公园详细规划；

②茶室建筑设计。

（2）设计要求

①文化公园详细规划。

A. 性质：以文化活动、休憩、观景等功能为主的开放性休闲公园。

B. 功能分区：场地内功能设置自定，要求主题鲜明、功能结构合理，交通联系合理、简洁，注意与周边环境的协调，充分利用场地特征进行规划与设计。

C. 停车场：10 个小车停车位（2.5m×5m）与 2 个旅游大巴停车位（4m×12m）；

D. 河流常水位标高为 9.5 m，洪水位标高为 11 m，注意基地洪水线以下场地的合理利用，滨水驳岸的处理形式等。

②茶室建筑设计。

A. 功能：为游客提供休憩、品茗、喝咖啡和观景场所。

B. 总建筑面积：220 m² （可在 10% 内浮动）。

C. 建筑层数：两层。

D. 办公室一间：15 m²。

E. 茶室：120 m² （部分应设置于二楼，结合观景平台）。

F. 服务间：15 m²。

G. 洗手间：20 m²。

H. 交通、休憩等其他功能空间面积自定。

I. 建筑外形美观、造型独特，提高公园环境品质。

③图纸要求。

A. 公园总平面图：1：500（须标明竖向标高）。

B. 公园横剖面图 1 张：1：300（须标明竖向标高）。

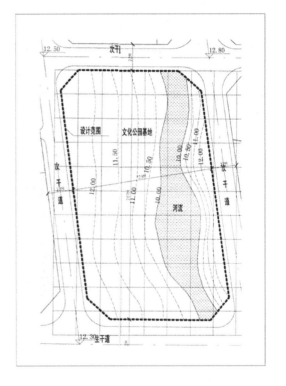

C. 规划分析图：内容和比例不限。

D. 公园主要景点透视图 1 张。

E. 公园规划简要说明。

F. 茶室建筑各层平面图：1：100~1：50。

G. 茶室建筑主立面图 1 张：1：100~1：50。

H. 茶室建筑剖面图 1 张：1：100~1：50。

I. 茶室建筑透视图 1 张。

J. 茶室建筑设计简要说明。

④图纸规格。

A2，表现方式不限。其中公园总平面须单独画在一张 2# 图；茶室建筑平、立、剖面须单独画在一张 2# 图，其他图纸排版自定。

⑤时间：6 小时。

2. 解题分析

（1）定性

开放性文化休闲公园，面积约 2.51 公顷（其中水面约 0.5 公顷）。

（2）周边环境分析

①交通：场地南面临城市主干道，东面、西面和北面临城市次干道，需要考虑汽车尾气污染和噪声的隔离问题。

②建筑：公园东侧为一办公楼，西侧为文化馆、中学用地（规划），由此可研判出本公园的主要服务人群为文化素质较高的人群、上班族、中学生、当地市民以及外来游客。

（3）基地内部现状分析

①地形：场地东西两侧的高程为12m，最低处为河流沿岸，其高程为10m，整体呈现为从外向内的缓坡地。这样的滨水地段，适合做阶梯式滨水景观。

②水文：河流常水位标高为9.5m，洪水位标高为11m，注意基地洪水线以下场地的合理利用和滨水驳岸的处理形式等；河流南北方向上穿过场地，将场地分为东西两块，但河流没有污染，并且河道是很好的景观条件，需要通过河道将两边的地块整合，重点做滨水景观带。

（4）功能性分析

①停车场：10个小车停车位（2.5m×5m）与2个旅游大巴停车位（4m×12m），本公园适合在距离城市次干道和次干道的交叉口50m的距离设置停车场出入口。

②茶室建筑设计：主要是为游客提供休憩、品茗、喝咖啡和观景场所，需要规划出茶室的位置和形态。考虑到中国的茶文化总是与水相关联，适合将茶室建筑设置在临近水岸边的位置。

③服务周围人群的功能。

A. 文化活动：本公园是以文化为主题的公园，可以做的空间有举办文化展览的开场性广场、长条形的文化走廊、供学生阅读学习的林下空间等。

B. 休憩：安静休息区、私密休息区、滨河休息地和休憩草地等。

C. 观景：包括人文景观、植物景观、水域景观等。

D. 运动：儿童活动地、老年人晨练场、滨水跑道等。

（5）确定主题

当地文化与水的结合，衍生出生态的理念。

3. 步骤详解

①绘制前期泡泡图。

构思景观主轴线为西部主入口—中心广场—河流，次轴线为北部次入口—安静休息区—中心广场—茶室—阳光草坪—南部次入口。另外在西南角设置树阵广场，用桥将东西两边的场地连成一个统一整体，提高场地东西向交通的通达性。

②绘制方案形式构思图。

折线与扇形的结合构图，突破常规的形式，采用带状道路形式，串联大小不一的场地，设置两座桥梁将河两岸的人群互联互通，并增添桥梁景观。

③深入构思铺装的样式和沿街地段的植物围合与隔离。

④合理使用各种植物配置形式，丰富植物空间。

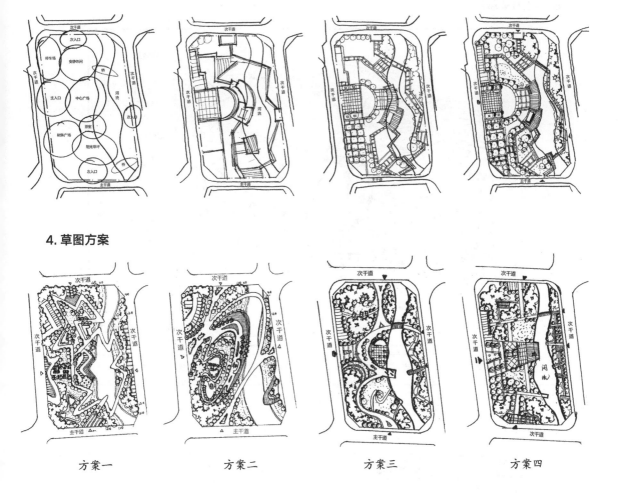

4. 草图方案

方案一　　　　　　方案二　　　　　　方案三　　　　　　方案四

　　方案一： 采用折线的构图形式，设计结构合理，空间格局清晰，路侧空间开合有致，空间富有变化。

　　方案二： 本方案采用不规则曲线构图，引人注目，流线清晰，整体性强，空间变化丰富，细节处理较好。

　　方案三： 椭圆式构图形式，形式感强，整体风格统一，但场地太小，还需思考。

　　方案四： "八字形"构图，现代感强，道路形式比较适合滨水景观，做了台阶以丰富竖向空间，但中心节点样式需进一步改善，滨河带景观处理不够。

5. 学生方案展示

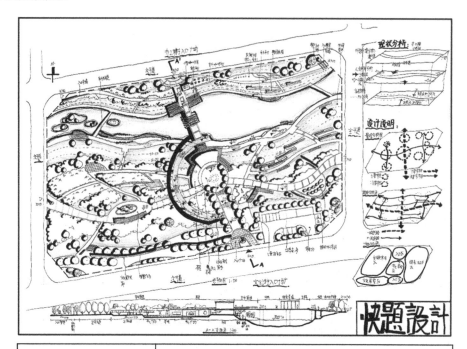

表现手法：墨线笔＋马克笔 **图纸大小：**A1 绘图纸 **用时：**6 h **题目出处：**华南理工大学	**方案点评：**该方案通过突出轴线的强调关系，显得气势恢弘，结构脉络清晰。在高差的处理上运用了层层推进的方法，使得游览者可以方便到达场地的各个节点。不足之处在于河岸边的处理稍显单一，对水位变化的特点缺乏关注。方案表现手法娴熟，但稍显随意。分析图设计构思图表达较为清楚。

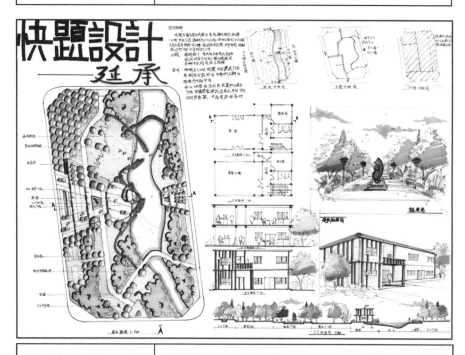

表现手法：墨线笔＋马克笔 **图纸大小：**A1 绘图纸 **用时：**6 h **题目出处：**华南理工大学	**方案点评：**该方案构图形式新颖，直线与曲线很好地结合，轴线关系清晰，植物配置类型丰富，场地建筑设计与周围环境融为一体，很好地实现了茶室建筑的功能性与艺术性的结合。

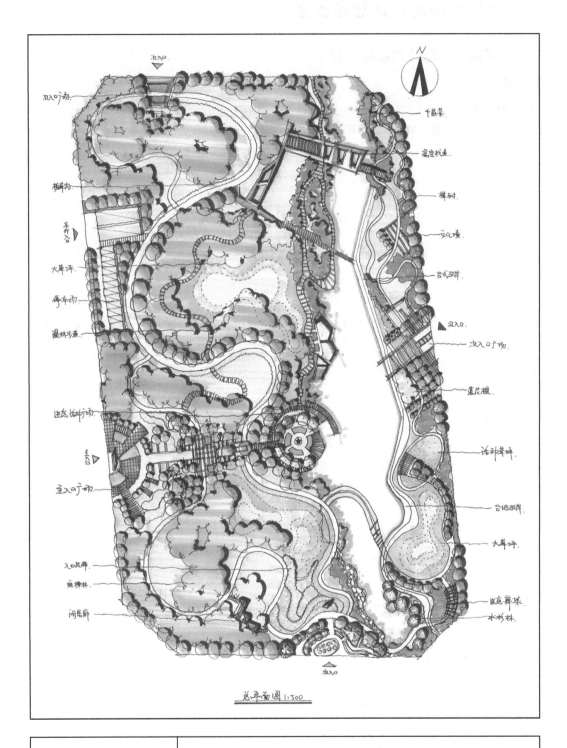

次入口

次入口广场

栏杆构

车行台

大草坪

停车场

漫林步道

田友游步道

主入口

主入口广场

入口花坛

麻栗林

闲尾廊

千层菜

高空栈道

榉树

文化墙

台式驳岸

次入口

次入口广场

蓝花楹

诺玛菜畦

台地驳岸

大草坪

田友草珠

水水林

总平面图 1:500

表现手法：墨线笔＋马克笔	方案点评：该方案整体结构合理，轴线脉络清晰，尺度比例控制得当，内容丰富。滨水环境处理手法多样，有节奏控制。方案主题取名为"绿野仙居"，显示出作者对这块场地自然生态的定位，滨水区域湿地植被的种植，让设计更具生态性，木栈道的空间使用，丰富了滨水区域的自然特征，马克笔的上色技巧同样为设计增色不少，体现出此处的环境特征。
图纸大小：A1 绘图纸	
用时：6 h	
题目出处：华南理工大学	

8.5 大尺度场地设计思维步骤

8.5.1 某城市小型公园景观设计

1. 题目

（1）项目概况

公园位于西北部某县城中，北为南环路、南为太平路、东为塔院路，面积约为 3.3 公顷（图中粗线为公园边界线）。用地东、南、西三侧均为居民区，北侧隔南环路为居民区和商业建筑。用地比较平坦（图中数字为现状高程），基址上没有植物。

（2）设计要求

公园要成为周围居民休憩、活动、交往、赏景的场所，是开放性的公园，所以不用建造围墙和售票处等。在南环路、太平路和塔院路上可设立多个入口，并布置有 20~25 个轿车车位的停车场。公园中要建造一栋一层的游客中心建筑，建筑面积为 300 m² 左右，功能为小卖部、茶室、活动室、管理间、厕所等，其他设置由设计者决定。

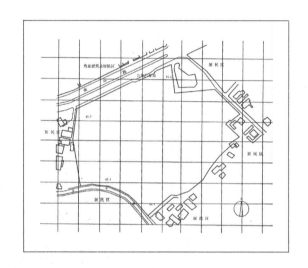

（3）成果要求

①总平面图 1 张，比例 1 : 500.

②分析图若干张。

③全园鸟瞰图 1 张。（方格网为 30 m×30 m）

2. 解题分析

（1）定性

大尺度开放性城市小型公园（面积约为 3.3 公顷）。

城市公园有以下几种分类。

①综合公园：指内容丰富、有相应设施、适合公众各类户外活动的规模较大的绿地。综合公园包括全市性公园和区域性公园。

②社区公园：指为一定居住用地范围内的居民服务，具有一定活动内容和设施的集中绿地（不包括居民组团绿地）。

③专类公园：指具有特定内容或形式，有一定休憩设施的绿地，包括动物园、植物园、游乐园、历史名园、儿童公园等。

④带状公园：指沿城市道路、城墙、水滨等，有一定休憩设施的狭长绿地。带状公园常常结合城市道路、水系、城墙而建造，是绿地系统中颇具特色的构成要素，承担着城市生态廊道的职能。带状公园的宽度受用地条件的影响，一般呈狭长形，以绿化为主，辅以简单的设施。

⑤街旁绿地：指位于城市道路用地之外相对独立的成片绿地，包括街道广场绿地、小型沿街绿化用地等（绿化占地比例应大于等于 65%）。

（2）周边环境分析

①交通：公园位于西北部某县城中，北为南环路、南为太平路、东为塔院路，应考虑入口的位置和外部交通的衔接。

②建筑：北侧隔南环路为居民区和商业建筑，考虑不同服务对象的功能需求和人流来向，商业区主要以上班族休闲观光为主，居民主要以老人和儿童的活动为主。

（3）基地内部现状分析

地形：基地内部用地较平坦，但是图纸所标的高程是必须进行分析的，分析高程得出最高是北部44.2 m，最低是西南角42.1 m，根据坡度公式坡度＝（高程差／水平距离）×100% 得出，本场地为东西走向的缓坡地。竖向设计应当充分利用原有地形，并进行适当改造。竖向设计的主要任务就是从最大限度地发挥园林的综合功能出发，统筹安排园内各种景点、设施和地貌景观之间的关系。如果要做水系，水系面积不可超过全园总面积的1/3，并且需要考虑土方平衡。另外需要考虑雨水收集与利用，通过合理的坡度设计来控制地表径流带来的污染与冲刷。

（4）功能性分析

①有 20~25 个轿车车位的停车场。

这里涉及了停车场设置规范的考点：停车位数量少于50个的，可设置1个出入口；50~300个停车位的，需要设置2个出入口；大于300个停车位的，需要将出入口分开设置，两个出入口之间的距离应大于20 m，出入口宽度不小于7 m。

停车场与城市干道红线距离70 m，与过街人行天桥距离50 m，与过街人行道距离70 m，与公交车站距离70 m。

机动车出入口在次干道沿线应离开交叉口50 m以上；在支路沿线设出入口需要距离与主干路的交叉口50 m以上，需要距离与次干道的交叉口30 m以上，需要距离与支路的交叉口20 m以上。

②游客中心建筑。

公园中要建造一栋一层的游客中心建筑，建筑面积为300㎡左右，功能为小卖部、茶室、活动室、管理间、厕所等。题目没有要求做建筑设计的成果图，但是需要在总平图中表示出建筑的体量和位置，建筑形式需与公园风格统一；服务周围居民的活动场所（动静分区）。

A. 休憩：安静休息地应设置为半开敞或封闭空间；在浏览路线途中需设置休息地；构筑物主要有休息座椅、廊架、花架、亭子等。

B. 活动：老年人活动的场地，植物需要考虑夏季遮阴，冬季采光，遮挡北风等，并设置无障碍设施；儿童活动的场地，0~3岁儿童以沙地为主，3~6岁儿童可设置滑梯、跷跷板，6~12岁儿童可设置滑板场地等趣味性强的场地。另外还需要设置各年龄层皆需要的综合性的活动场地，比如集散性强的广场、健身的运动场等。

C. 交往：分为群体交往的开敞空间和小范围交往的私密空间。

D. 赏景：需要处理好路线的引导功能以及每个景点的观赏价值，做到步移景异。

（5）确定主题

公园的主题应当考虑城市的文化以及市民的精神需求和价值取向，符合当地文化特色。

3. 步骤详解

①绘制前期泡泡图。

本方案在北面南环路、南面太平路、东面塔院路均设置出入口，根据人流量确定北面为主入口，其余两个为次入口，停车场设置在西北角，将老年人活动区设置在东北角，在场地腹地做中心水景，并设计供湖边漫步的滨水景观；以中心为视觉中心，考虑主入口—中心活动广场—中心水景—林下休闲的景观轴线。

②绘制方案形式构思图。

本公园采用混合式布局形式，道路采用环状结构，主干道串联每个出入口和功能区。湖岸线以中国古典园林的自然形式为原型而演变，做到有收有放，有开有合，有大有小，形态灵动，富有生气。

③构思出主入口的大体形式。

主入口是公园的门面，是吸引游客入园的第一道景观，应做得凸显当地特色，气势明显，形式和谐。水系形态继续修改，对次干道如何深入每个景观节点进行构思。

④丰富每个节点的细节。

如铺装、植物及其他构筑物等，植物如何配置，每个功能区的植物配置形式的确定，动区和静区的植物围合如何做出区别，孤植树、树阵、树丛和树林的位置规划等。

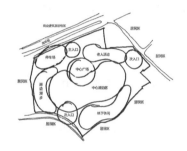  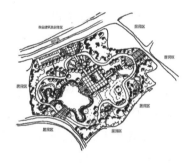

4. 草图方案

 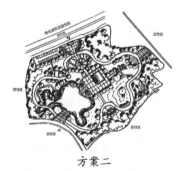 

方案一   方案二   方案三

方案一： 整体构图采用自然式，以水体为主，主要节点都沿中心湖而设置，构图整体性强，空间布局疏密有致，有开有合，植物配置丰富。

方案二： 以直线和曲线结合形式构图，水景的位置放在场地的低洼地，对于场地高差的理解还算到位，中心节点突出，空间变化丰富，但是其他节点的形式还需斟酌，并且道路转角需要考虑转弯半径的人性化。

方案三： 采用圆和方的构图形式，轴线关系明确，但中心节点的形式还需要进一步修改，道路的弧度不够流畅。

方案四

方案四： 采用自然式构图，园路沿水体设置，贯穿全园，但水体的形式变化小，相对单一。植物配置错落有致，流线清晰。

5. 学生方案展示及点评

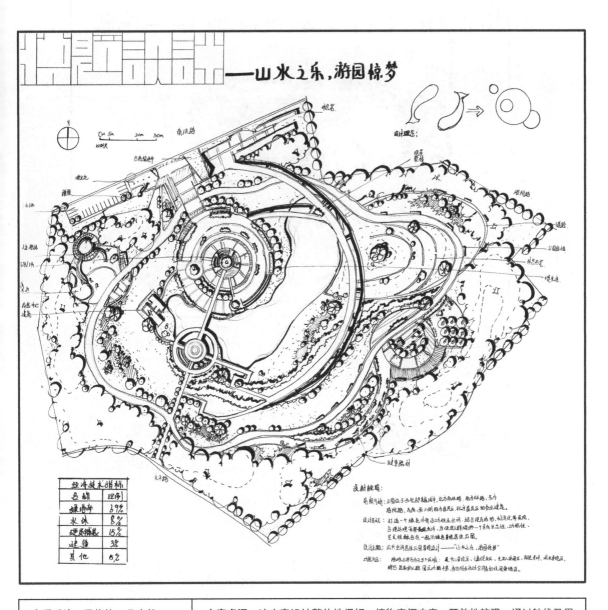

表现手法：墨线笔＋马克笔	方案点评：该方案设计整体性很好，植物空间丰富。开放性较强，通过轴线及周
图纸大小：A1 绘图纸	围一些小场地的设定引导游览。主要采用自然式构图，自然式的地形、水体及种
用时：6h	植形式很好的植物，体现出自然风景。轴线清晰，主景突出，植物配置疏密有致。
题目出处：北京林业大学	

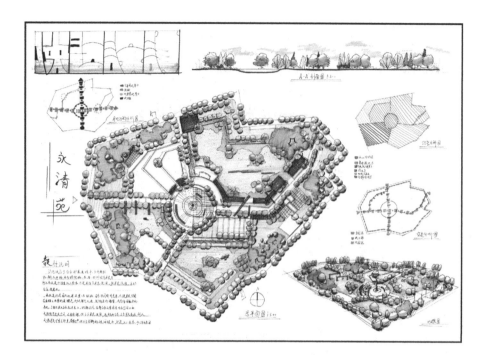

表现手法：墨线笔＋马克笔	方案点评：该方案采用自然式构图，整体完成效果较好，构
图纸大小：A1 绘图纸	图中心主要设置广场，四周环路，轴线关系明显，植物种植
用时：6h	设计从空间上体现出疏密变化的特点，中心节点突出，稍显
题目出处：北京林业大学	不足之处为中心节点与四周关系不够紧密。

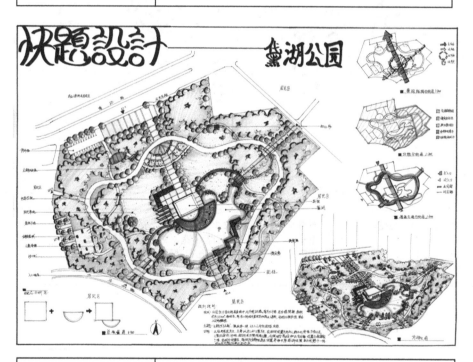

表现手法：墨线笔＋马克笔	方案点评：该方案平面图采取自然式，水体曲折多变；景观节
图纸大小：A1 绘图纸	点设计细致；植物配置采用乔灌草结合，种类丰富；空间把握
用时：6h	较准，环路通顺流畅，草坪空间适宜；色彩搭配恰当。但植物
题目出处：北京林业大学	围合与空间的处理有待加强；滨水区域未能形成供游人体验的
	滨水景观带。

第 9 章 景观快题案例解析

9.1 校园类景观设计

9.1.1 校园类景观设计特点

校园环境不同于其他商业性环境,是学生接受知识的场所,典雅、庄重、朴素、自然应该是其本质特征。不同功能区域的环境可以通过不同的设计手法来处理,诠释对校园精神的理解,从而反映校园的多元性、自由性、兼容并蓄等特点。校园景观规划更注重内外部空间的交融,强调空间的交往性。校园不仅是传授知识、技能的教育场所,也是陶冶性情、健康发展的生活环境。对环境的景观化处理,使校园在使人感官愉悦的同时,可为校内师生提供娱乐、交流、休闲的场所,达到舒缓压力、放松心理的作用。具有人文韵味的景观还寓教于乐,这是校园的一种文化潜力,亦即校园的"场所精神"。

（1）设计理念

功能分区: 功能分区使各功能区域之间相互交融、渗透,体现"以人为本"的理念。

校园特色: 在规划中传承大学文化、地域特色,塑造反映学校人文精神和特色的校园环境。

生态环境: 校园规划设计中应结合自然,充分利用自然条件,保护和构建校园的生态系统。

可持续发展:校园规划应充分考虑未来的发展,使规划结构多样、协调、富有弹性,适应未来变化,满足可持续发展要求。

在校园整体设计中还应注意以下方面:

①建筑单体之间应相互协调、相互对话和有机关联,以形成道路立面和外部空间的整体连续性;

②从校园整体风格出发,建筑物或景观应该具有有机秩序并成为系统整体中的一个单元;

③外部空间和建筑空间的设计是密不可分的,是校园建设发展中的一项重要工作。

（2）设计层面

宏观层面:以整体空间环境营造为对象,设计师要以整体用地空间环境营造为设计对象和最终目标。

中观层面:优化群体建筑外部空间,使群体建筑外部空间与其周边达到整体性的效果。

微观层面:重构灰空间和建筑空间。"灰空间"一方面指色彩,另一方面指介于室内外的过渡空间,它的存在在一定程度上抹去了建筑内外部的界限,使两者成为一个有机整体。

（3）设计原则

①体现校园文化: 思索问题,修身养性。

②具有启发和引导作用。

③体现开放与自由的精神,便于交流。

④人文景观和自然景观相结合。

9.1.2 校园景观案例：某校园读书公园设计

1.题目

（1）场地概况

基址位于中南地区某综合性大学校园内,面积为 3 公顷,场地西面和南面为教学区,东面为学生宿舍区,背面为图书馆。基址内原地势较高的地方为一些民宅，现已拆除，仅存宅旁 3 棵树龄约为 30 年的核桃树，它们需要保留。基址东北角原为一荷塘，现已淤积，污染严重。其他用地情况详见所附地形图。现拟将该基址建成一读书公园，为学生晨读、阅报、班会、小型户外展览等服务。

（2）设计成果要求

①基址分析图；

②总平面图，要求比例为 1：500(标明主要树种)；

③重要景点详细设计平面图和纵横剖面图各一张，要求比例为 1：200；

④可以表达设计创意的分析图和透视图；

⑤全园鸟瞰图；

⑥设计说明（不少于 200 字）。

绘制于 A1 图纸上，表现方法不限。

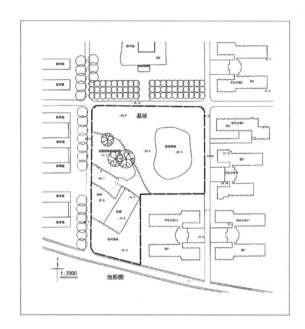

2. 解题分析

（1）定性

校园读书公园设计。

（2）周边环境分析

①交通：南面、北面及东面临校园道路，最好在四周设置人行道。

②建筑：场地西面和南面为教学区，东面为学生宿舍区，背面为图书馆，需要分析出人流来向。

（3）基地内部现状分析

①建筑及植物：基址内原地势较高的地方为一些民宅，现已拆除，仅存宅旁 3 棵树龄约为 30 年的核桃树，它们需要保留。

②地形：基地内部地势起伏多变，注意东北角低洼地以及西南部的几处陡坎和鱼塘。对于原有地形保留还是整改，需要结合设计而定，原则上是充分利用原地形并做适当改造。

③水文：基址东北角原为一荷塘，现已淤积，污染严重，应该进行改良设计。

（4）功能性分析

①晨读：主要服务人群为学生，需要设置休息设施和场地，晨读的学生会带来一定量的噪声，需要与静区做分隔。

②阅报：属于相对安静的空间，注意与闹区分隔。

③班会：属于集体性活动，群体占用面积大，适合在广场或草地上举行。

④小型户外展览：可设计文化园或文化广场，也可以结合其他功能区形成复合型场地。

⑤健身锻炼：可适当设置篮球场或羽毛球场，方便学生就近锻炼身体。

⑥观赏游览：课后饭后学生需要进行放松休闲，赏景散步，需要做供散步用的游步道。

（5）确定主题

校园绿地的设计理念总是离不开教育和文化，只要紧扣教书育人、学习创新、服务学校老师和学生等就不会偏题。

3. 步骤详解

①绘制前期泡泡图。

轴线关系分为主轴（主入口—中心广场—小广场—运动场—密林）和次轴（林荫广场—中心广场—湖），规划出供学习阅读的林荫广场、多功能中心广场、交流休闲用的小广场、供健身锻炼的运动场，将原有鱼塘改良为湖泊，考虑用密林隔离道路噪声和污染。在场地腹地做中心水景，并设计供湖边漫步的滨水景观；以中心为视觉中心，考虑主入口—中心活动广场—中心水景—林下休闲的景观轴线。

②绘制方案形式构思图。

采用 90°和 135°的折线构图，形成各种梯形的拼接，形式感强，整体形式和谐。但运动场以南北朝向为最佳。

③进一步深化、构思每个功能区的空间类型，开敞的中心广场围合度较低，林荫广场则为覆盖空间等。

④最终细化铺装样式和植物空间。

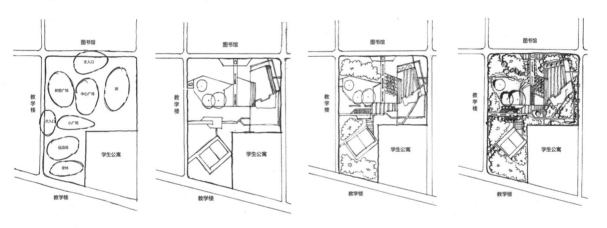

4. 草图方案

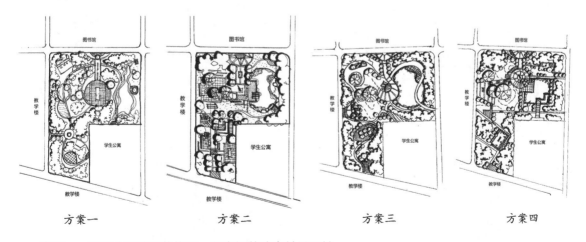

| 方案一 | 方案二 | 方案三 | 方案四 |

方案一： 采用公园的环状构图，但空间的疏密关系不够。

方案二： 采用 90°方形构图，虽形式简单，但是对空间变化的把控更好拿捏。

方案三： 采用弧形构图，如同"问号"的象形符号，寓意学生的求知心理，但植物配置需要改进。

方案四： 采用多种构图元素相结合的形式，但整个构图过于细碎，整体性不强。

5. 平面图绘制步骤

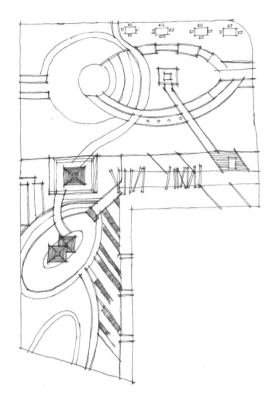

①根据功能分区绘制大致的形式

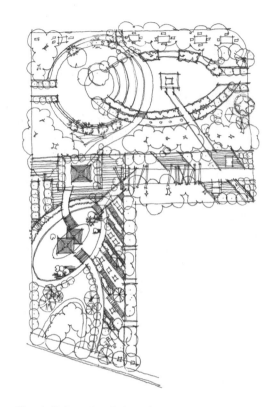

②加上植物配置，完成线稿

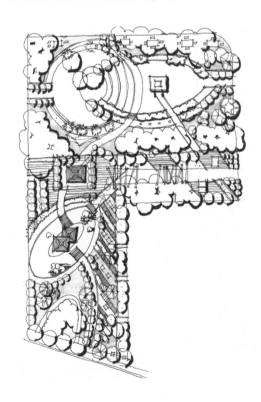

③给平面图上色，先将草地部分上色

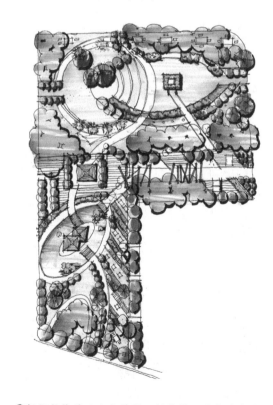

④根据整体平面上色效果，调整平面图冷暖关系

6. 学生方案展示及点评

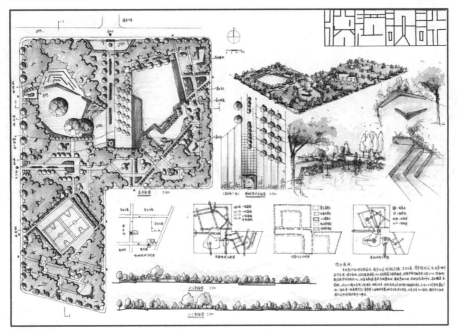

表现手法：墨线笔＋马克笔 图纸大小：A2 绘图纸 用时：3 h 题目出处：华中农业大学	方案点评：该设计以折线作为主要构图手法，空间丰富，整体性强，很好地解决了场地的高差问题。但活动空间过渡尚可继续优化，道路系统稍显混乱，篮球场布置方向需做调整。

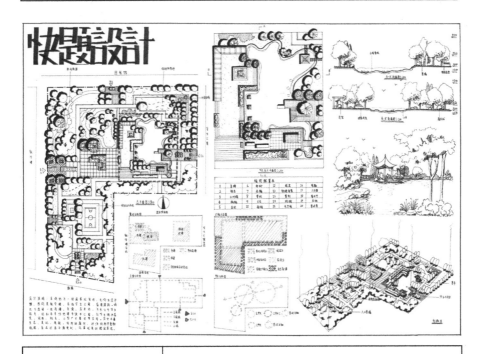

表现手法：墨线笔＋马克笔 图纸大小：A2 绘图纸 用时：3 h 题目出处：华中农业大学	方案点评：该设计在空间的把控上有一定的深度，采用了多种构图元素，但整体布局存在细碎的问题，导致整体性有些弱化。鸟瞰图和效果图的表现较为丰富，空间结构的表达清楚明了。版面较为清楚和丰富，但是构思的整体性需要加强。

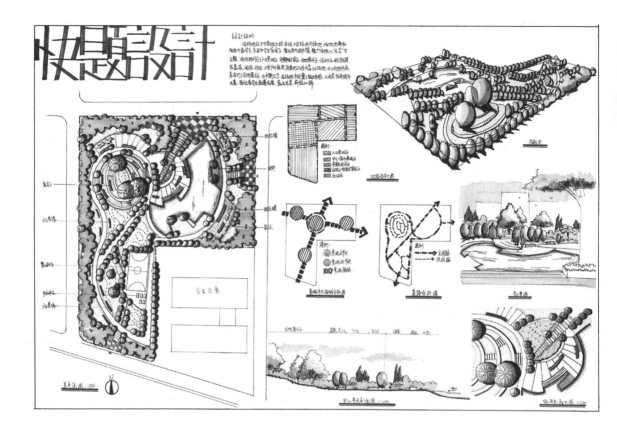

表现手法： 墨线笔＋马克笔 **图纸大小：** A2 绘图纸 **用时：** 3h **题目出处：** 华中农业大学	**方案点评：** 该方案以曲线为主要的构图手法，空间结构丰富。整体性强，利用曲线的流动性和灵活性使整个布局空间生动化，很好地解决了空间的衔接，活动空间的过渡得到了较为完美的解决。道路系统主次分明，有较强的空间界定感。但在鸟瞰图的表达上仍然存在一定的问题，角度上有太多的遮挡，表达得不够完善，图面整体不够丰富。

9.1.3 校园景观案例：某高校庭院绿地设计

1. 题目

某高校庭院绿地设计。设计场地如下面所给平面图，图中打斜线部分为设计场地，总平面约 6360 m² （包括部分道路铺装），标注尺寸单位为米。设计场地现状地势平坦，土壤中性，土质良好。

（1）设计要求

根据所给场地的环境、位置和面积进行规划，完成方案设计任务。

要求具有游憩功能。具体内容包括：场地分析、空间布局、竖向设计、种植设计、主要景观小品设计、道路与铺地设计，以及简要的文字说明（文字内容包括场地概括、总体设计构思、布局特点、景观特色、主要材料应用等）。

场地所处的城市或地区大环境，由考生自定（假设），并在文字说明中加以交代。设计表现方法不限。

（2）图纸规格与内容

图纸规格：请使用 A2 绘图纸。

图纸内容：平面图（标注主要景观小品、植物、场地等名称）、主要立面与剖面图、整体鸟瞰图或局部主要景观空间透视效果图（不少于 3 张）。

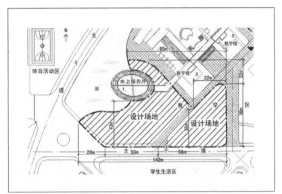

2. 解题分析

（1）定性

高校庭院绿地设计。

（2）周边环境分析

①交通：北面和东面为校园铺装地，一条校园铺装道路从场地中间穿越，将场地分隔为两个不同的地块，场地南部临校园主干道，西面隔湖相望的是校园主干道，要考虑出入口的位置。

②水文：西面临校内湖泊，面积较大，水质好，观赏价值高。

③建筑：场地西部临湖有一个水上报告厅，河对面为体育活动区，场地南部为学生生活区，北面为教学楼。

（3）基地内部现状分析

地形：场地现状地势平坦，土壤中性，土质良好。

（4）功能性分析

①学生生活区的就近休闲功能：考虑在南部设置方便学生安静休息和晨读的空间。

②休闲散步：满足学生和老师以及外来人员的观赏、交际、休憩的需求，设计游步道或滨水走廊等。

③校园文化：包括固定的文化展示园和流动的文化展览广场等。

④班会和社团活动地：林下广场或阳光草地是不错的选择。

⑤水上报告厅：需要提供报告厅的人群集散功能地。

（5）确定主题

校园文化结合校园湖泊。

3. 步骤详解

①绘制前期泡泡图。

景观轴线以湖泊为重点，一轴为东南角的次入口—林荫散步—主入口—中心活动区—水上活动区；二轴为西南角次入口—水上活动区—水上报告厅—步行小广场，将两个地块分为动静两个区，东面为静区，西面为动区。

②绘制方案形式构思图。

整体采用方块式构图，但水上报告厅周边的场地需要跟建筑的形式相协调，线路流畅，空间充足。

③铺装细化。

不同的地块可采用不同的铺装。

④最后加上植物配置。

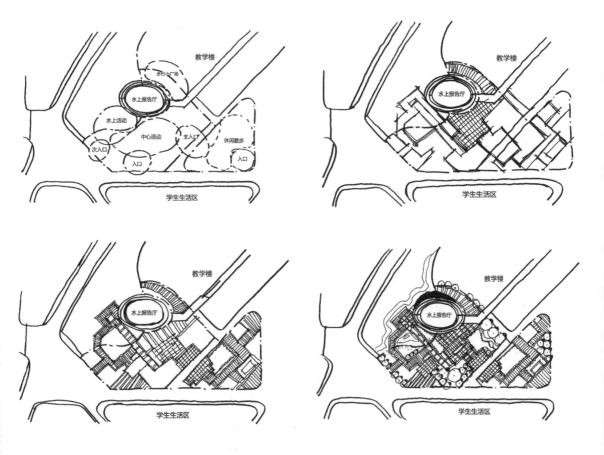

4. 草图方案

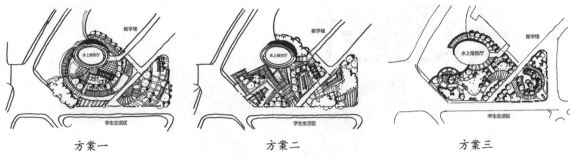

方案一   方案二   方案三

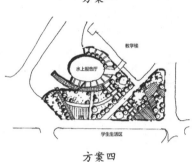

方案一: 同心圆的形式,整体性强,偏内向。

方案二: 折线构图,但显得零散。

方案三: 曲线构图,线形流畅,但空间变化不够。

方案四: 八字形加弧线的构图,具有发散性。

方案四

5. 平面图绘制步骤

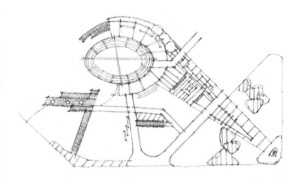

①用铅笔绘制大致的形式,以及每个场地的位置

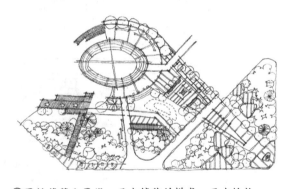

②用针管笔上墨线,画出铺装的样式,画出植物

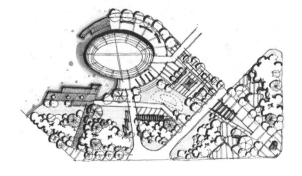

③用黑色马克笔上阴影,用马克笔上草地,涂景墙和
廊架等构筑物。用蓝色马克笔涂水系

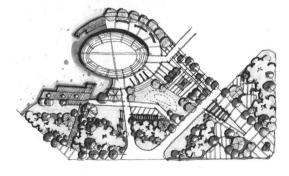

④突出大片森林的色彩,完善色彩,包括植物和铺装
的颜色

第 9 章 景观快题案例解析

6. 学生方案展示及点评

表现手法：墨线笔＋马克笔	方案点评：该方案为规则式加自然式布局，图面秩序感较强，整体
图纸大小：A1 绘图纸	的功能节点，节奏清楚，疏密有序。扩初新设计的水系空间节奏合理，
用时：6 h	走势尚可多变些。植物设计疏密有致，组景与空间衔接明确。
题目出处：南京农业大学	

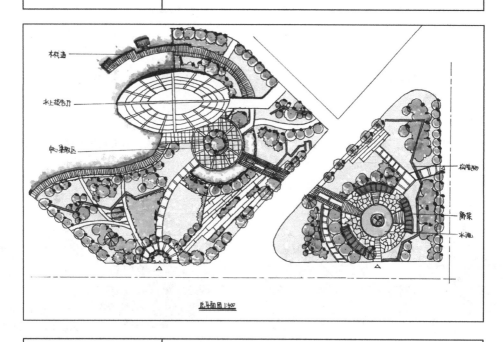

表现手法：墨线笔＋马克笔	方案点评：该方案为曲线式构图，轴线清晰，主入口的选择与场地
图纸大小：A1 绘图纸	的人流来向、密度一致，是一个较为不错的设计方案。铺装设计样
用时：6 h	式多种多样，两个地块相互呼应。空间设计上既有开敞空间，也有
题目出处：南京农业大学	私密空间，能满足校内人员的日常需求。

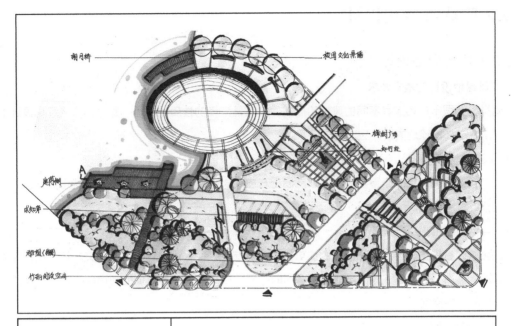

表现手法：墨线笔＋马克笔	方案点评：方案分区恰当，结构清晰，整体设计一气呵成。节点
图纸大小：A1 绘图纸	和景点细节刻画到位，特色分明，尺度感较为准确。植物种植和
用时：6 h	地形空间都刻画到位。线条干脆老练，整体性强。
题目出处：南京农业大学	

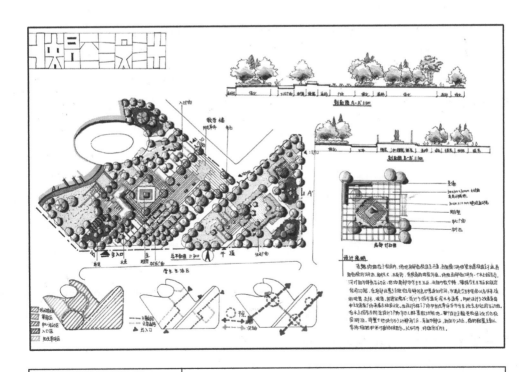

表现手法：墨线笔＋马克笔	方案点评：该方案采用规则式构图，中心节点明确，植物搭配丰富，
图纸大小：A1 绘图纸	地块功能分区明确，疏密有致，竖向设计合理。本方案问题主要
用时：6 h	在于主入口处不够开放，与沿河的通道联系不够，交通系统有一
题目出处：南京农业大学	定问题。

9.2 广场类景观设计

9.2.1 广场绿地设计

1. 广场绿地设计的基本要求

不同类型的城市广场应有不同的风格和形式，尤其是广场的性质和功能，是进行广场绿化设计的重要指导原则。城市广场绿地的设计应遵循以下原则。

（1）整体性原则

城市广场作为城市的一个重要元素，在空间上与街道、建筑相互依存。它能体现城市文脉。广场绿化应利于人流、车流集散。

（2）人性化原则

人性化原则是评价城市广场设计是否成功的重要标准。人性化的设计是基于人文关怀，包括空间领域感、舒适感、层次感、易达性等方面的塑造。同时，需要提高城市广场绿地的利用率，供行人休憩，创造沟通、交流的人性空间。

（3）历史性原则

城市广场应该成为一个城市记忆的场所，一个容纳或隐喻历史变迁、民俗风情、文化背景的场所，可选择具有地方特色的树种，反映城市特点。

（4）视觉性原则

视觉和谐是基于对广场空间的整体性、连续性和秩序性的认识提出的。它表现为城市广场与城市周围环境的协调和自身的视觉和谐，包括适宜的形式、宜人尺度、悦人的色彩和材料质感。

（5）公共参与原则

市民的参与是城市广场具有活力的保障和证明。公众参与体现在市民参与广场的设计和设计者以"主人"的姿态进行设计两方面。

2. 广场绿地规划

在广场的空间处理上，可采用建筑物、柱廊等进行围合和半围合，也可结合地形采用台式、下沉式或半下沉式等形式组织广场空间。一面围合的广场以流动性功能为主；两面围合的广场领域感弱，空间有一定的流动性；三面围合的广场封闭性较好，有一定的方向性和向心性；四面围合的广场封闭性强，具有较强的向心性和领域性。广场通常为规则的几何形状，如果面积较大，也可结合自然地形布置成自然的不规则形状。

广场空间主要由绿地、雕塑、小品等构成。对于休憩型广场，绿地可采用开敞式布置形式；对于面积不大的广场，绿地可采用半封闭式布置，即周围用栏杆分隔，种植草坪、低矮灌木和高大落叶乔木；广场绿地配合交通疏导设施时，绿地可采用封闭式布置形式。

（1）公共活动广场

这类广场一般位于城市的中心地区，位置适中，交通便利。主要提供居民文化休息活动场所，也是政治集会和节目联欢的公共场所。在规划上，应考虑同城市干道的联系，对大量人流迅速集散的交通组织，以及与其相适应的各类车辆停放场所，进行合理布置。

公共活动广场周边宜种植高大乔木。集中成片绿地不应小于广场总面积的 25%，并宜设计成开放式绿地，植物配置疏朗通透。公共活动广场一般面积较大，为了不破坏广场的完整性、不影响大型活动和阻碍交通，一般在广场中心不设置绿地。在广场周边及与道路相邻处布置绿化，既起到分隔作用，又可减少噪声和交通的干扰。

广场的形状有圆形、正方形、矩形、梯形等。其长宽比例以 4：3、3：2、2：1 等为宜。广场的宽度与四周建筑物的高度比例一般以 3~6 倍为宜。

（2）集散广场

集散广场是城市中主要人流和车流集散点前面的广场。主要作用是使人流、车流的集散有足够的空间，具有交通组织和管理的功能，同时还具有修饰街景的作用。绿化要起到分隔广场空间，组织人流与车辆的作用，为人们创造良好的遮阳场所，所以宜提供短暂逗留、休息的适宜场所。

集散广场包括交通枢纽站前广场、建筑前广场，以及大型工厂、机关、公园前广场等。

广场绿化包括集中绿地和分散种植。集中成片绿地不宜小于广场总面积的 10%；民航机场前、码头前广场集中成片绿地宜为 10%~15%。一般沿广场周边种植高大乔木，起到遮阳和减少噪声的作用；供休息用的绿地不宜设在被车流包围或主要人流穿越的地方。

（3）纪念性广场

纪念性广场根据内容主要可分为纪念广场、陵园广场、陵墓广场。一般以城市历史文化遗址、纪念性建筑为主体，或在广场上设置突出的纪念物。纪念性广场的主要作用是供人瞻仰，这类广场宜保持环境幽静，禁止车流在广场内穿越、干扰。

绿化布置多采用封闭式与开放式相结合的手法，利用绿化衬托主体纪念物，创造与纪念物相应的环境气氛，并根据主体突出绿化风格。纪念历史事件的广场，应体现事件的特征（可以通过主题雕塑），并结合休闲绿地及小游园的设置，为人们提供休憩的场所。

9.2.2 文化休闲广场设计

1. 题目

某小城市集中建设文化局、体育局、教育局、广电局、老干部局等办公建筑。在建筑群东侧设置文化休闲广场，安排市民活动的场地、绿地和设施。广场内还建设了图书馆和影视厅。

（1）设计要求

①建筑群中部有玻璃覆盖的公共通廊，它是建筑群两侧公共空间步行的主要通道；

②建筑东侧的入口均为辅助入口，应和广场的交通系统有机衔接；

③应有相对集中的广场，便于市民聚会、锻炼以及开展节庆活动等；

④场地和绿地结合，绿地面积（含水体面积）不小于广场总面积的 1/3；

⑤现状场地基本为平地，可考虑地形竖向上的适度变化；

⑥需布置面积约 50 m^2 的舞台一处，并有观演空间（观演空间固定或临时均可，观演空间和集中广场结合也可以）；

⑦在丰收路和跃进路上可设置机动车出入口，幸福路上不得设置；

⑧需布置地面机动车停车位 8 个，自行车停车位 100 个；

⑨需布置 3m×3m 的服务亭两个；

⑩ 可以自定城市所在地区和文化特色，在设计中体现文化内涵，并通过图示和说明加以表达（比如某同学选择宁波余姚市，则可表现河姆渡文化、杨梅文化、市树市花内涵等）。

（2）成果要求

①总平面图 1：500；

②局部剖面图 1：200；

③能表达设计意图的分析图或表现图（比例不限）；

④设计说明（字数不限）；

⑤将成果组织在一张 A1 图纸上，总平面图可集中表现广场及西侧建筑群轮廓，留出空间绘制分析图、剖面图、表现图及放设计说明。

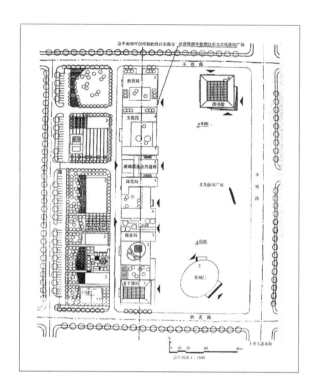

2. 解题分析

（1）定性

文化休闲广场设计。

（2）周边环境分析

①交通：南面临跃进路、北面临丰收路及东面临幸福路，应考虑汽车噪声而做相应的隔离。

②建筑：场地西面集中建设文化局、体育局、教育局、广电局、老干部局等办公建筑。

（3）基地内部现状分析

①建筑：场内还建设了图书馆和影视厅。

②地形：现状场地基本为平地，但是可以考虑竖向的细微改造。

（4）功能性分析

①布置 9m² 的服务亭两个：考虑其放置位置的合理性。

②观演空间：50m² 的舞台一处，考虑采用何种形式，是平地加上升的台阶，还是下沉的广场。

③城市文化：可从两种寓意来体现，第一种是最直观的表达方式，即将城市的某种文化演变为一种"符号"，把此符号以整个绿地的构成形式来明喻城市文脉。第二种是比较隐晦的表达方式，比如通过景墙、雕塑等小品来传达城市的文化信息，切记小品的尺度要与场地尺度协调。

④集中的广场：便于市民聚会、锻炼以及开展节庆活动等。

⑤停车位：在丰收路和跃进路上可设置机动车出入口，幸福路上不得设置，停车场位置以离道路交叉口 50m 以上为宜。

⑥图书馆：进行文化和知识的传播，以及人流的集散，并且要求相对安静的环境，需要与其他活动场地做隔离。

⑦影视厅：人流量大，需要集散人群的活动地，考虑到等待演出的人群，需要休息的设施。

（5）确定主题

主题宽泛，需要设计者根据场地现状发散思维，可以往文化方面靠拢，但也不局限于此。

3. 步骤详解

①绘制前期泡泡图。

轴线关系为主轴（东侧主入口—中心活动区兼观演空间—玻璃覆盖的公共通廊）、次轴（图书馆—文教区—中心活动区兼观演空间—休闲活动区—影视厅—观影交流区）。考虑图书馆需要安静环境，用植物和中心活动区做出分隔。广场的硬质率较高，但本题目要求绿地面积（含水体面积）不小于广场总面积的1/3，所以需要在硬质铺装上做绿化，而不是单纯地做硬质铺装，忽略题目要求。可以设计树阵广场、林荫广场、各式花台和喷水池等，提高绿化率。

②绘制方案形式构思图。

根据图书馆和观影厅的建筑外轮廓，构思与其相协调的形式，中心做圆形观演空间和中心活动广场相结合的场地，向两边用直线和圆弧做过渡。

③划分空间。

根据功能区分布，继续构思每个地块需要放什么植物和建筑小品设施，分出动静空间。

④添加植物和铺装的样式。

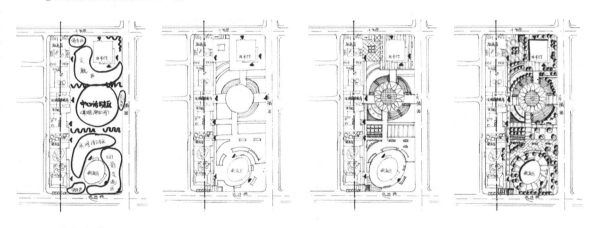

4. 草图方案

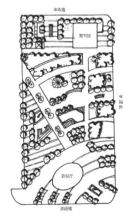

方案一

方案二

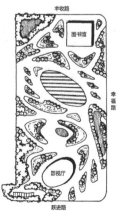

方案三

方案一：采用直线加弧线构图，空间丰富，但是整体构图略显零散。

方案二：采用直线构图形式，整体性强，并且富有美感。这种形式也是比较好掌握的一种形式，也容易做出不同的空间。

方案三：细胞式构图，形式小巧，但每个地块的相互关系需要细细斟酌。这种形式需要长期训练，短时间内设计不出来。

5. 学生方案展示及点评

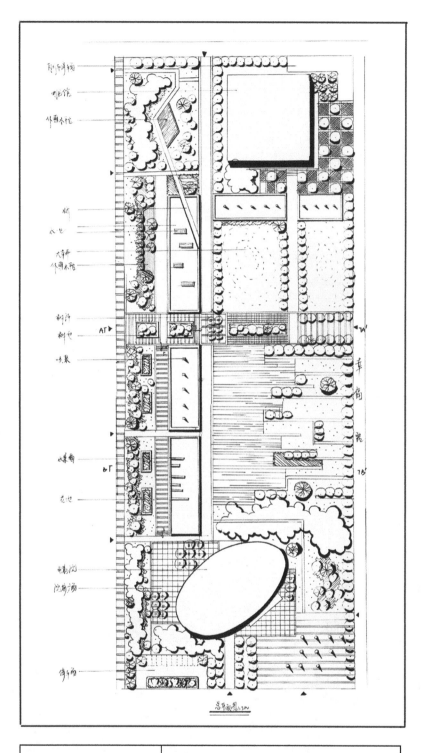

表现手法：墨线笔＋马克笔 图纸大小：A1 绘图纸 用时：3 h 题目出处：同济大学	方案点评：该方案采用方形布局，构成感较强，很好地融入了场地的特征，空间构成疏密有致，以开敞性空间为主，可满足人们休憩、玩耍等功能需求。方案采用极简的线条，反映空间的设计中心，但植物配置略显单一。

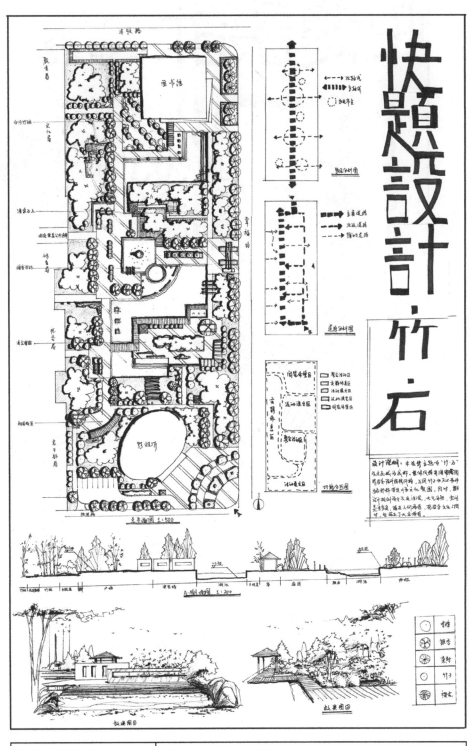

表现手法： 墨线笔＋彩铅	**方案点评：** 该方案结构清晰，构图直接大胆，层次分明，轴线关
图纸大小： A1 绘图纸	系清晰，路网关系明确。空间划分关系得当，组织有序，变化丰
用时： 3h	富。节点细节丰满，变化较多，特色突出，竖向设计较好地配合
题目出处： 同济大学	空间变化，创造景观。但方案主路系统通达性不好，过于生硬，
	也没有很好地表达出市政广场的特性；绿化率过高，硬质率不够。

快題設計——海之恋

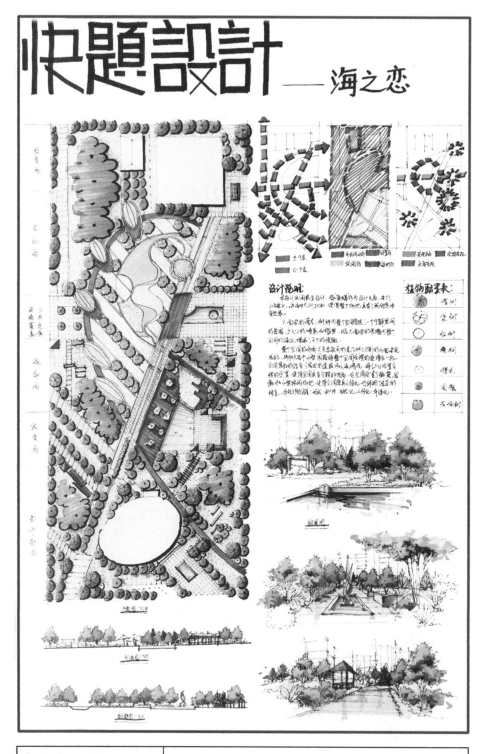

表現手法：墨线笔＋马克笔	**方案点评**：该方案设计运用仿生设计，将"海螺"作为设计元
图纸大小：A1 绘图纸	素，进行抽象化，运用几何切割，使得整个场地具有现代的自
用时：3h	然感。大面积的灌木、乔木的空间营造，赋予整个场地宁静、
题目出处：同济大学	悠闲的氛围。美中不足的是场地道路的尺度并不能满足人流的

方案点评：该方案设计运用仿生设计，将"海螺"作为设计元素，进行抽象化，运用几何切割，使得整个场地具有现代的自然感。大面积的灌木、乔木的空间营造，赋予整个场地宁静、悠闲的氛围。美中不足的是场地道路的尺度并不能满足人流的瞬时集散，休憩空间在尺度上也存在一定的问题。方案整体表现突出，作者有十分扎实的手绘功底。

9.2.3 商业广场景观设计

1. 题目

重庆市某社区广场，面积为 102 400 m²（见设计红线）。设计场地东面为城区中学，西面为商业区，北面为一大型居住区。道路围合场地，有一定坡度变化。

（1）设计要求

①根据周边场地类型，合理设定场地功能，创造优质环境，满足不同年龄层次的活动要求；

②保持原有道路坡度设计，可调整出入口位置，注意解决高差；

③分析师生校园户外空间活动特征，合理设置场地，完善功能，合理布局，面积适度；

④形式风格统一，特色突出，景观有一定新意，可为景点取名；

⑤场内雨水自我处理，不排入城市雨水管道；

⑥植物材料宜以当地常用树种为主，不追求奇花异卉。

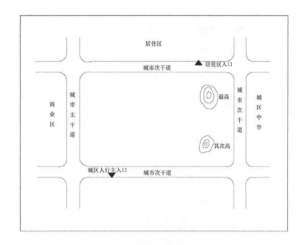

（2）图纸规格与内容

①基础分析图（自定内容、比例）；

②总平面设计图，要求比例为 1：200；

③种植设计图，要求比例为 1：200（要标出植被类型、重点树种）；

④总图中重要局部的放大初图，面积 1000 m² 米左右，作技术设计图，比例为 1：100（应包含该处立面图）；

⑤全园鸟瞰图及透视效果图各一张；

⑥设计说明（200 字以上）。

2. 解题分析

（1）定性

社区广场景观设计。

（2）周边环境分析

①交通：南面和北面临城市次干道，东面和西面临城市主干道，应考虑汽车噪声而做适当的隔离，场地内部道路应与外部交通联系。注意场地外两个人行出入口的位置，可对应设置场地的出入口。

②建筑：东面为城区中学，西面为商业区，北面为一大型居住区。

（3）基地内部现状分析

地形：现状场地有一定的高差，场地中有两个小山丘，在东北角为最高，东南角次高，其保留的意义大于改造，考虑是做观景台还是密林或疏林草地。

（4）功能性分析

不同年龄层次的活动要求：儿童——分年龄设置不同的场地，老年人——安静的休息空间和晨练的场地，年轻人——交流的场地，学生——学习和运动空间。

②场内雨水自我处理：通过竖向设计来汇集雨水，在场地内设计出雨水收集地，结合海绵城市的概念进行设计，道路和草地的坡度需要进行计算和考虑。

（5）确定主题

考虑广场的地理位置是在山城重庆，可以结合山城的特色（火锅、热情四射、山地、长江等）来确定设计理念。

3. 步骤详解

①绘制前期泡泡图。

轴线关系为主轴（南侧主入口—中心活动区—安静游赏区）、次轴（商业区开敞出入口—中心活动区—科普教育区）。科普教育区靠近东侧的中学，方便学生在此开班会或者进行各种文化展览活动等；考虑到西侧的商业区人流量大，吸引力大，需要开敞的入口来打开视野从而吸引人群去广场游玩，在北侧设置方便居民的休息地块。

②绘制方案形式构思图。

用简单的线条表现出自己的构思。

③采用十字形路线穿插回环路的道路形式，中心为主要活动场地，用植物分隔四周的不同功能空间。

④最后添加植物和铺装的样式。

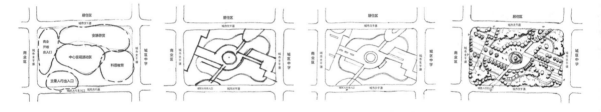

4. 草图方案

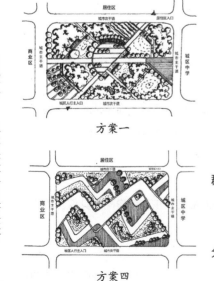

方案四

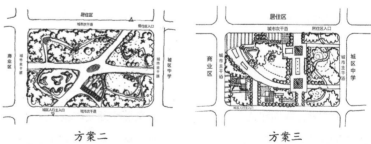

方案一　方案二　方案三

方案一：采用发散式的线条构图，中心广场连接的道路过多，人群过分集中，而其面积过小，会出现集散性能降低的情况。

方案二：飞刀式构图，形式现代，画面感强，但软硬比还需修改。

方案三：采用弧线和方形结合形式，形式简单，结构清晰，功能分区合理。

方案四：采用折线式设计，构图感强，引人注目，但是缺少功能块。

5. 学生方案展示及点评

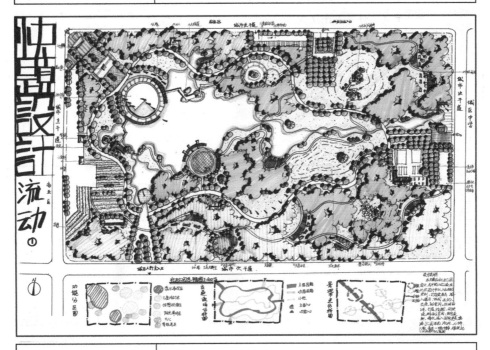

表现手法：墨线笔＋马克笔	**方案点评**：该设计采用直线加折线式构图，通过道路来切割空间，
图纸大小：A1 绘图纸	同时在切割的基础上能够通过空间的收放与退让，营造各类差异化
用时：6 h	空间。植物设计疏密有致，用部分植物的深化表达凸显空间。可适
题目出处：西南大学	当增加硬质铺装。

表现手法：墨线笔＋马克笔	**方案点评**：该设计采用自然式构图，主园路贯穿全园，流线清楚，
图纸大小：A1 绘图纸	结构合理，有硬质的广场、生态的小岛，与水岸若即若离的亲水栈道，
用时：6 h	滨水空间的趣味性与多样性值得借鉴。但植被过多，硬质铺装太少，
题目出处：西南大学	不符合广场的定位。

9.3 居住区类景观设计

9.3.1 居住区公共绿地

居住区公共绿地设置：根据居住区不同的规划组织结构类型，设置相应的中心公共绿地，包括居住区公园（居住区级）、小游园（小区级）和组团绿地（组团级），以及儿童游戏场和其他的块状、带状公共绿地等。并应符合下表规定。（表内"设置内容"可根据具体条件选用）

居住区各级中心公共绿地设置规定				
中心绿地名称	设置内容	要求	最小规格 /ha	最大服务半径 /m
居住区公园	花木草坪、花坛水面、凉亭雕塑、小卖茶座、老幼设施、停车场地和铺装地面等	园内布局应有明确的功能划分	1.0	800~1000

注：①居住区公共绿地至少有一边与相应级别的道路相邻。
②应满足有不少于1/3的绿地面积在标准日照阴影范围之外。
③块状、带状公共绿地同时应满足宽度不小于8 m，面积不少于400 m² 的要求。
④参见《城市居住区规划设计规范》。

（1）公共绿地指标

公共绿地指标应根据居住人口规模分别达到：组团级不少于0.5 m²/人；小区（含组团）不少于1 m²/人；居住区（含小区或组团）不少于1.5 m²/人。

（2）绿地率

新区建设应≥30%；

旧区改造宜≥25%；

种植成活率≥98%。

（3）院落组团绿地

院落组团绿地设置规定			
封闭型绿地		开敞型绿地	
南侧多层楼	南侧高层楼	南侧多层楼	南侧高层楼
$L_1 \geq 1.5(L_2)$	$L_1 \geq 1.5(L_2)$	$L_1 \geq 1.5(L_2)$	$L_1 \geq 1.5(L_2)$
$L_2 \geq 30$	$L_2 \geq 50$	$L_2 \geq 30$	$L_2 \geq 50$
$S_1 \geq 800$	$S_1 \geq 1200$	$S_1 \geq 800$	$S_1 \geq 1200$
$S_2 \geq 1000$	$S_2 \geq 1200$	$S_2 \geq 1000$	$S_2 \geq 1200$

注：L 为南北两楼正面间距（m）；L_2 为当地住宅的标准日照间距（m）；S_1 为北侧为多层楼的组团绿地面积（m²）；S_2 为北侧为高层楼的组团绿地面积（m²）。

景观手绘——21天突破手绘与快速设计

（4）绿化种植相关间距控制规定

绿化植物栽植间距		
名称	不宜小于（中—中）/m	不宜大于（中—中）/m
一行行道树	4.00	6.00
两行行道树（棋盘式栽植）	3.00	5.00
乔木群栽	2.00	/
乔木与灌木	0.50	/
灌木群栽（大灌木）	1.00	3.00
灌木群栽（中灌木）	0.75	1.50
灌木群栽（小灌木）	0.30	0.80

（5）绿化带最小宽度规定

绿化带最小宽度			
名称	最小宽度 /m	名称	最小宽度 /m
一行乔木	2.00	一行灌木带（大灌木）	2.50
两行乔木（并列栽植）	6.00	一行乔木与一行绿篱	2.50
两行乔木（棋盘式栽植）	5.00	一行乔木与两行绿篱	3.00
一行灌木带（小灌木）	1.50		

（6）绿化植物与建筑物、构筑物最小间距的规定

绿化植物与建筑物、构筑物的最小间距		
建筑物、构筑物名称	最小间距 /m	
	至乔木中心	至灌木中心
建筑物外墙：有窗	3.0~5.0	1.5
无窗	2.0	1.5
挡土墙顶内和墙角外	2.0	0.5
围墙	2.0	1.0
铁路中心线	5.0	3.5
道路路面边缘	0.75	0.5
人行道路面边缘	0.75	0.5
排水沟边缘	1.0	0.5
体育用场地	3.0	3.0
喷水冷却池边缘	40.0	
塔式冷却塔边缘	1.5 倍塔高	

（7）绿化植物与管线的最小间距

绿化植物与管线的最小距离		
管线名称	最小距离 /m	
	至乔木中心	至灌木中心
给水管、闸井	1.5	不限
污水管、雨水管、探井	1.0	不限
煤气管、探井	1.5	1.5
电力电缆、电信电缆、电信管道	1.5	1.0
热力管（沟）	1.5	1.5
地上杆柱（中心）	2.0	不限
消防龙头	2.0	1.2

（8）道路交叉口植物布置规定

道路交叉口处种植树木时，必须留出非植树区，以保证行车安全视距，即在该视野范围内不应栽植高于 1m 的植物，而且不得妨碍交叉口路灯的照明，为交通安全创造良好条件。

道路交叉口植物布置	
行车速度 ≤ 40 km/h	非植树区不应小于 30 m
行车速度 ≤ 25 km/h	非植树区不应小于 14 m
机动车道与非机动车道交叉口	非植树区不应小于 10 m
机动车道与铁路交叉口	非植树区不应小于 50 m

9.3.2 居住区中庭景观设计

1. 题目

该小区为工薪阶层小区，总面积 9000 m²，小区中部下层为地下车库。注意人车分流以及小区中庭的交流流线，以使用当地树种为主。

图纸要求：

①平面图；

②设计说明；

③各种基础分析图（自定）；

④鸟瞰图以及透视图各一张；

⑤植物种植设计图；

⑥局部放大扩初图（包括植物种植工图）。

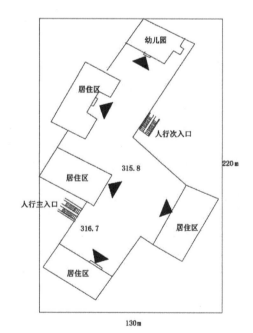

2. 解题分析

（1）定性

居住区中庭景观设计。

（2）基地内部现状分析

地形：小区中部下层为地下车库，注意不要在其上做大面积人工水体，不选用深根性的大树。

（3）功能性分析

服务小区居民的活动场所（动静分区）：休憩——安静休息地块，需做成半开敞式或者封闭式空间；儿童活动场地——应当结合幼儿园设计；健身场地——相对热闹，需要和安静休息区分隔；赏景——需要处理好路线的引导功能以及每个景点的观赏价值，做到步移景异。

（4）确定主题

可以考虑引用古诗词或者经典。

3. 步骤详解

①绘制前期泡泡图。

本方案在幼儿园旁做儿童活动区，在东南角做安静休息区，中间开阔的地段做公共活动区，健身活动区远离安静区域而设置。

②绘制方案形式构思图。

用简单的线条绘制出大致的路线。

③绘制具体的场地位置和形状。

④最终将场地用不同材质的铺装做出区别，加上植物配置。

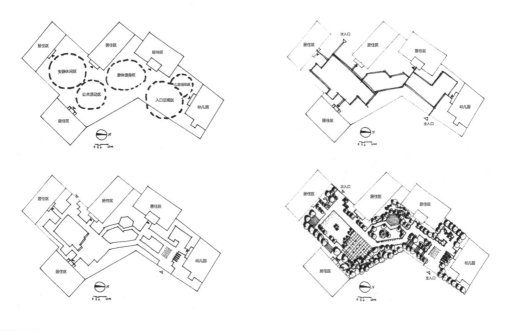

4. 草图方案

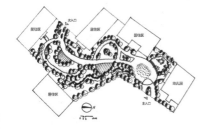

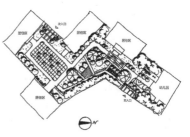

方案一　　　　　　　　　方案二　　　　　　　　　方案三

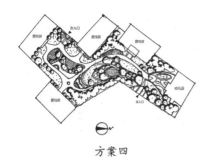

方案四

方案一： 构图采用弧线和椭圆相结合的形式，形式自然。

方案二： 采用135°的折线构图，整体性不够。

方案三： 主干道明显，主要活动中心突出，但是形式呆板。

方案四： 线条柔和，变化多。

5. 平面图绘制步骤

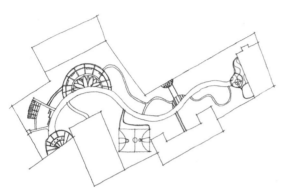

①画出大致的路线和节点

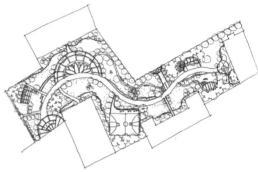

②画出植物和铺装样式

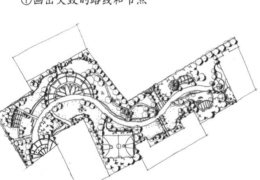

③加上阴影

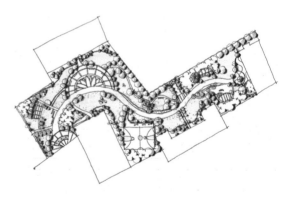

④绘出草地、水体和乔木的色彩

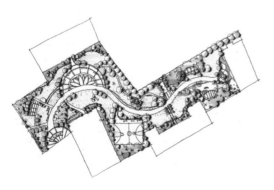

⑤加上彩色区域的色彩

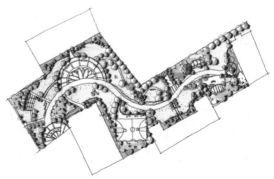

⑥上完铺装色彩

6. 学生方案展示及点评

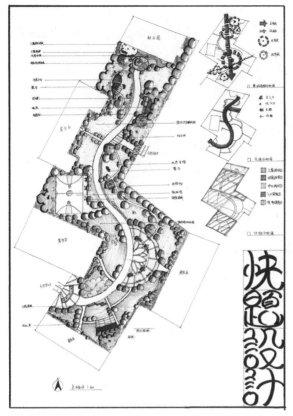

表现手法：墨线笔＋马克笔
图纸大小：A1 绘图纸
用时：6 h
题目出处：西南大学

方案点评：构图优美，色彩丰富且清晰，既有方便大家活动的活动广场，又有供单人散步的小道，空间层次丰富，植物配置方面充分考虑了地下车库的因素没有种植高大的乔木。这是一幅优秀快题佳作。

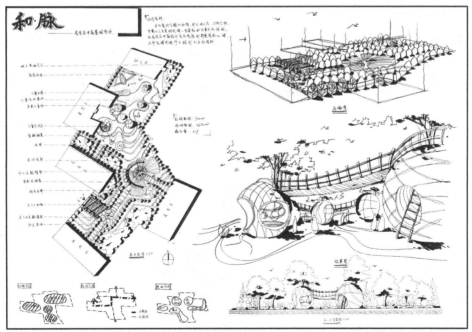

表现手法：墨线笔＋马克笔
图纸大小：A1 绘图纸
用时：6 h
题目出处：西南大学

方案点评：该设计方案采用直线加曲线的构图，整体排版饱满，效果图表现到位。设计充分考虑了居民需求，功能区分清晰，儿童区以曲线为主，符合童趣的特征；居民区以广场为主，满足居民集散、休闲、娱乐等需求。

第 9 章 景观快题案例解析

9.3.3 居住区花园景观设计

1. 题目

某市居住区有一块花园用地，总占地面积为 6642 m²，周围环境如图所示。选择你熟悉的城市或者地区进行设计立意的确定及相应植物品种的配置。附图比例为 1 ∶ 1000。

（1）设计要求

①请完成该花园的总体规划设计（90 分）。

②请完成不少于 4 处景观节点的效果图（40 分）。

③撰写设计说明（20 分）。

（2）图纸规格与内容

①图纸要求在 A1 纸上完成。

②绘图比例要求 1 ∶ 500。

③总平面图部分必须完成植物配置名录。

④设计说明不少于 500 字。

⑤效果图绘制用马克笔或彩铅完成。

⑥附图：居住区花园设计用地环境图。

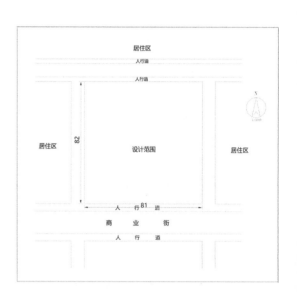

2. 解题分析

（1）定性

居住区花园景观设计。

（2）周边环境分析

①交通：场地三面临城市道路，南部临商业街。

②建筑：场地四面临近居住区。

（3）基地内部现状分析

地形：场地内部地势平坦。

（4）功能性分析

不同年龄层次的活动要求（前面章节已详述，此处不再赘述）。

（5）确定主题

人性化、人文和城市发展方面。

3. 步骤详解

①绘制前期泡泡图。

在场地西北角做老年活动区（安静），在西南角做儿童活动区（安全、分隔），东北角做中心观景区，在西南角做休闲区。

②绘制方案形式构思图。

斜 45°的折线构图，构思好基本流线。

③进一步深入构思场地的位置以及形式。

④最后加上植物和水体，细化铺装样式。

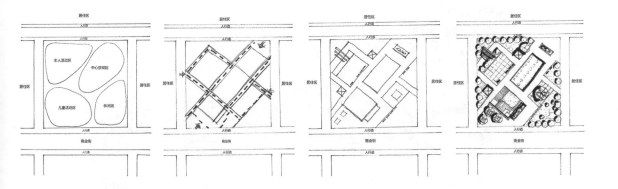

4. 草图方案

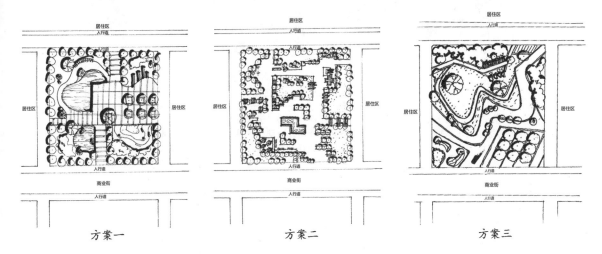

方案一   方案二   方案三

方案一： 采用方形和圆弧的镶嵌或切割的形式，整体协调性还不够。

方案二： 将场地分割成不同大小的地块，将地块变为绿地或者场地，中间为集散的道路或广场，但是地块之间的相互关系不够紧凑。

方案三： 折线形式的道路样式，草坪空间和树阵广场清晰明了，有微地形的运用，若再去修整形体，会更加美观，空间更合理。

5. 平面图绘制步骤

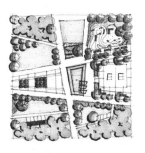

①绘制道路和场地外形   ②加上植物和构筑物，完成线稿   ③涂上草地、水体和构筑物的颜色   ④涂上树林和其他树种的色彩

6. 学生方案展示及点评

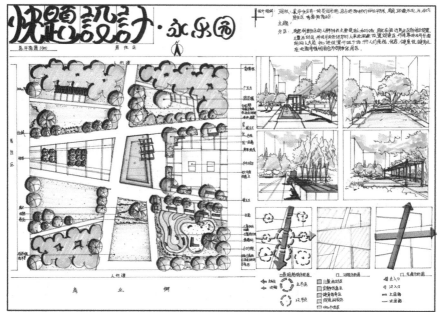

表现手法：墨线笔＋马克笔 图纸大小：A1 绘图纸 用时：6h 题目出处：西北农林科技大学	方案点评：该设计方案功能分区完善，活动区、儿童游乐区、老年人运动区、休憩区等都很好地体现。每个功能区之间既有道路联系，又相对独立成区，这些是这个快题最大的亮点。但是美中不足的是，整个场地缺乏一个较为精细的中心节点，需要做进一步细化。

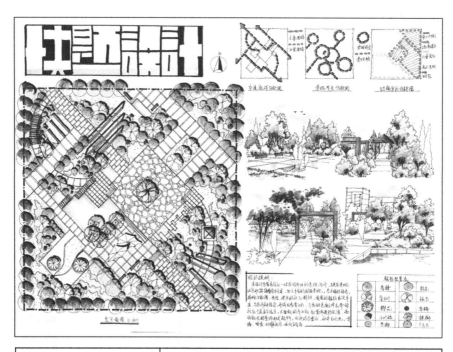

表现手法：墨线笔＋马克笔 图纸大小：A1 绘图纸 用时：6h 题目出处：西北农林科技大学	方案点评：该方案设计道路和功能布局清晰，构图上通过方、圆及直线、曲线进行整合，使图画有一定的形式美感。注意到了对比的设计手法，中间活动广场的面积适中，可以举办各类社区活动，中间的孤植大树又起到了聚合的作用，植物造景丰富。这是一幅优秀的快题作品。

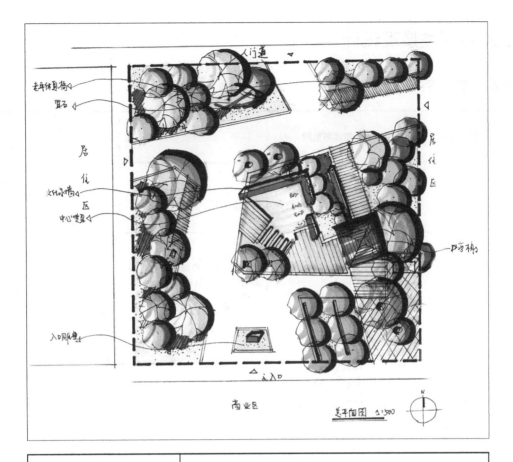

入门通

老年休息椅
置石

居
住
区

文化小墙
中心喷泉

入口雕塑

居
住
区

廊架

商业区

总平面图 1:500

N

表现手法：墨线笔＋马克笔	方案点评：该方案设计风格趋于自由灵活，通过流线的分组退让，
图纸大小：A1 绘图纸	小尺度空间要素的加入，让整个画面变得非常有趣，是一个比较
用时：6h	宜人的空间设计。空间联系的对接，也充分考虑周边的场地关系，
题目出处：西北农林科技大学	力求简化周边的流线关系。

9.4 专项类景观设计

9.4.1 主要专类公园设计要点

公园类型	内容与范围	类型细分	选址
儿童乐园	单独设置，为少年儿童提供游戏及开展科普文体活动，有安全、完善设施的绿地	综合性儿童公园、特色性儿童公园、小型儿童公园	选择交通较为方便的地段，不宜选择太过偏僻和人流繁杂的地方
动物园	在人工饲养条件下，移地保护野生动物，供观赏、普及科学知识、进行科学研究和动物繁殖，并具有良好设施的绿地	全国性动物园、地区性动物园、特色动物园、大型野生动物园、小型动物园	地形适宜高低起伏，利用基地的自然环境；远离城市、居住区的下游、下风地带；需要便利的交通条件，工程条件好
植物园	进行植物科学研究和引种驯化，并供观赏、游憩及开展科普活动的绿地	/	交通便利；地形、地貌与小气候条件较为复杂；充足水源；较好的土壤条件；具有丰富的天然植被
历史名园	历史悠久，知名度高，体现传统造园艺术并被审定为文化保护单位的园林	/	/
风景名胜公园	位于城市建设用地范围内，以文物古迹、风景名胜点（区）为主形成的具有城市公园功能的绿地	/	交通便利；地形、地貌与小气候较为复杂；充分利用文物古迹、风景名胜点；具有丰富的天然植被
纪念性公园	在历史名人活动过的地区或烈士就义地、墓地附近建设的具有一定纪念意义的公园	烈士陵园、纪念性园林、墓园、小型纪念性园林	多选用山岗丘陵地带，并有一定的平坦地面和水面；交通便利
主题公园	围绕特定主题而规划建造的有特别环境和游乐项目的新型公园；商业性、虚拟现实性、信息饱和性、高科技性是其主要特征	文化类、康健类、高科技类、军事类、综合类	

设计要点			国内公园实例
功能划分	绿化配置	建筑、小品	
幼儿区、学龄儿童区、体育活动区、娱乐或科技活动区、休憩区、办公区	忌用有毒、有刺、有过多飞絮及浆果的植物；多选用叶、花、果形状奇特、色彩鲜艳的树木	造型形象生动、色彩鲜明丰富、比例尺度适宜	哈尔滨儿童公园、广州儿童公园、杭州儿童公园
科普馆、动物展览区、服务休息区、办公管理区	绿化布局：常采用"园中园""专类园""四季园"等方式。树种选择：组景要求；动物的生态环境需要；饲料提供；防止水土流失；满足遮阴、游憩要求	动物笼舍设计：必须满足动物的生态习性，饲养管理和参观展览等要求；保证人与动物的安全；因地制宜，营造动物原产地的环境气氛	广州动物园、上海动物园
展览区、研究实验区、图书及标本区、生活区	/	展览性建筑、休憩类建筑、服务性建筑、科研性建筑、管理性建筑	广州华南植物园、上海植物园、杭州植物园、厦门植物园
入口区、传统园林观赏区（根据不同的园林进行细分）、休憩活动区、管理办公区	遵循古典园林的植物配置原则	遵循古典园林建筑设计原则，以传统建筑风格为主	岭南四大园林、苏州拙政园、留园、网师园等古典园林、扬州个园
入口区、园林观赏区（根据不同的园林进行细分）、休憩活动区、管理办公区	以自然式种植为主，突出生态设计	充分体现风景名胜公园的自然性、生态性、休闲性的景观特征	广州白云山公园
纪念区、风景游憩区、管理办公区	以规则式植物为主，形成庄严、肃穆的气氛；树木多选用松柏纯林，以示万古长青	符合纪念性园林的造型要求	广州烈士陵园、上海松江方塔园、南京中山陵
1.恰当的原址选择：综合考虑基地的自然环境、区位条件、交通条件、同类主题公园的区域分布状态。 2.准确的主题选择：突出主题的独特性。 3.鲜明的景观创意：强调景观的商业性、动态性、参与性、综合性。 4.合理的空间设计：强调空间造型设计、空间序列和游线的组织			深圳锦绣中华、世界之窗、民俗文化村、水浒城

9.4.2 工厂附属绿地景观设计

1.题目

华东某城市某工厂位于城郊，拟在厂区入口区域建设面积约 7 公顷的开放式办公区域。厂区道路的交通量不大，基地地形呈缓坡状，缓坡土质承载力较好，地形改造相对容易，挖填工程造价成本不高。基地东北角确定建设办公会议及接待楼一栋，平面布置如图所示。建筑风格为现代式，简洁明快，建筑南侧入口门的宽度为 6 m，另外三个次入口门的宽度均为 2 m，所有入口在建筑立面上居中布置。

（1）设计要求

①使用功能：考虑户外体育和展示区域，除了展示企业文化场地，另外安排了一个户外篮球场。

②交通功能：小轿车从办公楼南侧主入口进入，从城市道路上最多只能开设一个机动车出入口，进入开放式办公区，厂区道路开设机动车出入口的数量不限。停车方面：需要 60 个小轿车停车位，其中至少有 30 个要靠近办公楼，便于日常使用，其余的位置不限。需安排 50 个自行车停车位，宜靠近厂区道路。

（2）总体设计要求

①总平面图 1 张，要求比例 1：500；

②剖面图 2 张，比例 1：50；

③分析图 2 张，比例自定；

④办公楼主入口前场地设计；

⑤总平面图 1 张，要求比例 1：200；

⑥剖面图 2 张，比例 1：100；

⑦局部透视图，数量自定。

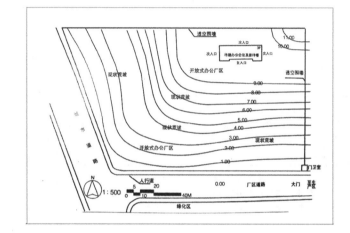

2.解题分析

（1）定性

工厂附属绿地景观设计。

（2）周边环境分析

交通：南面为厂区道路，西面为城市道路。

（3）基地内部现状分析

①建筑：场地东北角拟建办公大楼，需要考虑办公楼周边的活动场所。

②地形：基地内部地势呈现高 9 m 的缓坡地，需要采用工程措施消化高差。

（4）功能性分析

①办公和接待外宾：主要考虑在办公楼周边设计硬质场地和优美的景观。

②休闲散步：设置方便厂区工作人员工作之余休息放松的场所。

③企业文化：设置专门展示企业文化的场地，展示的方式可以选用景墙、小品雕塑或者刻字铺装等。

④停车功能：30 个小车停车位必须靠近办公楼，其余的停车位遵循设计规范，并考虑上班的工作人员在进入厂区前就近停车，大巴车和小车停车位可以结合布置，也可以分开布置，另外还有自行车停车位。

⑤健身功能：篮球场（18 m×26 m）占地面积较大，结合本基地的地形条件而安放在合理的位置。

（5）确定主题

附属绿地的主题，必然离不开所属单位的性质和特点。

3. 步骤详解

①绘制前期泡泡图。

有主轴线（南部主入口景观区—休闲区—办公活动区）、次轴（对外景观区—观赏游览区—办公活动
区），另外还有体育健身区和企业文化展示区。

②绘制方案形式构思图。

想清楚题目的硬性要求，将篮球场和停车场的位置定位好；想清楚构图形式，做到人车分流，主要的
人流通道消化高差的问题。

③进一步深入画出场地的形式和铺装样式。

④最终细化铺装形式和植物配置形式，完善整个方案。

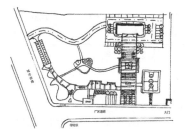

4. 草图方案

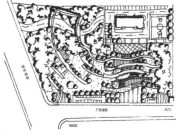

方案一　　　　　　　　方案二　　　　　　　　方案三

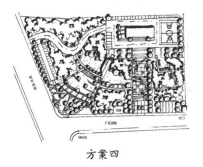

方案四

方案一： 采用层层台地式设计，对高差的处理比较到位，视线关系为从高往低处观赏。

方案二： 中间主要人流通道形式过于对称，显得过于严谨，可以适当打破。

方案三： 旗帜式构图，类似流动的旗帜，气氛显得很活跃，台阶不再是单调的台阶，而是和木质平台、花台和坡地结合，富有变化，步移景异。

方案四： 折线构图，轴线清晰。

5. 平面图绘制步骤

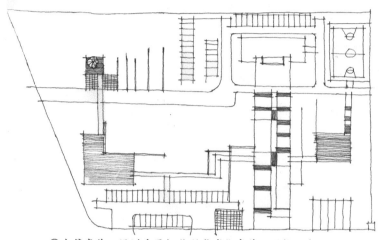

①先算高差，规划采用何种形式消化高差，再构思布局

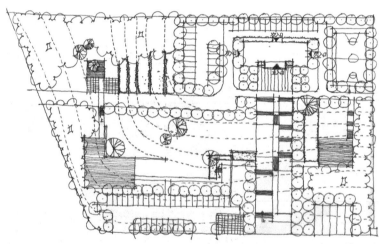

②画出植物和铺装样式

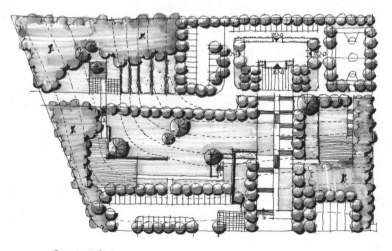

③上整体颜色

6. 学生方案展示及点评

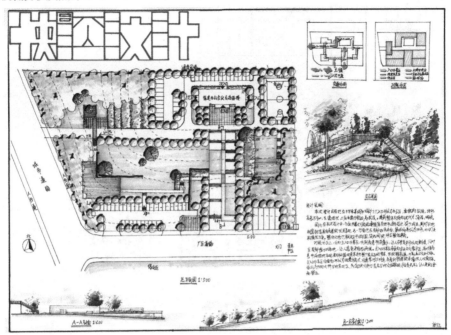

表现手法：墨线笔＋马克笔	**方案点评：** 本快题结构清晰，很好地完成了题目的要求。细
图纸大小：A1 绘图纸	节刻画细致，东西向的轴线突出了建筑的地位。但南北向的
用时：6 h	道路较少，停车场设计较为规范，效果图及剖面图表达效果
题目出处：东南大学	不理想，应加强手绘基础的练习。

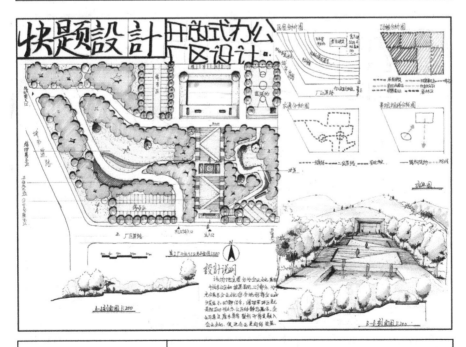

表现手法：墨线笔＋马克笔	**方案点评：** 本方案设计突出景观轴线，利用原有高差缓坡
图纸大小：A1 绘图纸	建立台式景观，主要平台设置在主轴线上，以便人流集散，
用时：6 h	园东为动区，园西为静区；本方案巧妙地处理了坡地高差
题目出处：东南大学	关系，中心结构轴线合理，色彩平衡，材料之间的关系，
	清晰明朗。

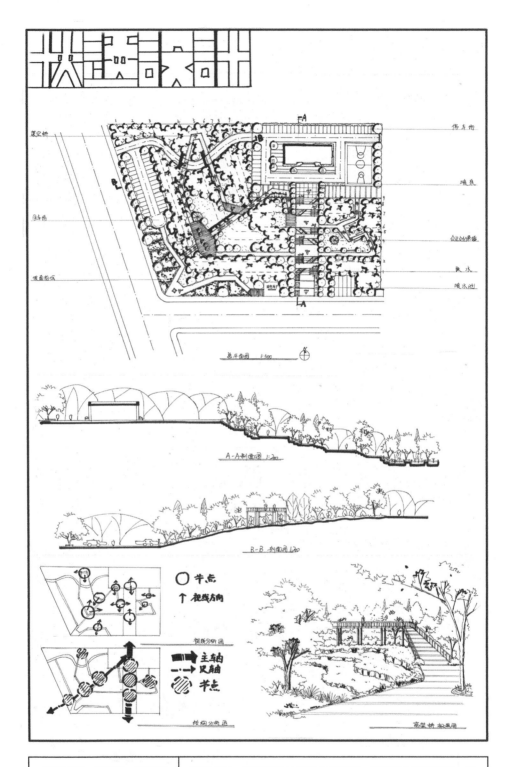

表现手法：墨线笔 + 马克笔	方案点评：本方案设计构图大气简洁，突出南北景观轴线，巧
图纸大小：A1 绘图纸	妙运用了高差形成丰富多样的空间，在西面地形高差较大处设
用时：6h	置了多处林中步道；对人流与车流进行了很好的分流。这是一
题目出处：东南大学	幅优秀的快题佳作。轴线清晰大气，东面采用规则式构图，西
	面采用自然式构图，但整体衔接十分巧妙，南面的小空间设置
	丰富，可以满足不同人群的需求，重点突出，对比强烈。

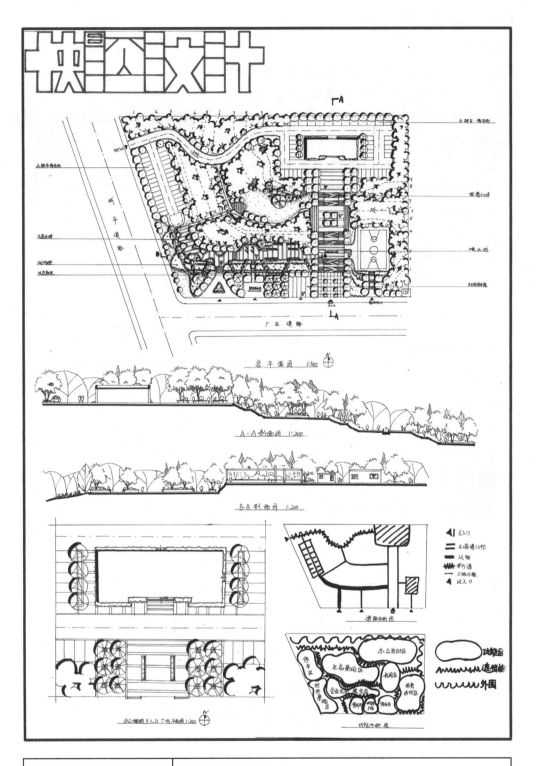

表现手法：墨线笔＋马克笔	方案点评：本方案功能分区明显，动静分区到位，轴线的突出及刻画
图纸大小：A1 绘图纸	很好地表现了场地的特色，虽然只是线稿表现，但是可见作者的深厚
用时：6 h	功力。这是一幅优秀的快题作品。
题目出处：东南大学	

9.4.3 儿童公园景观设计

1. 题目

请设计以儿童自然教育为主题的社区儿童自然教育公园。

地理位置：成都市二环与三环间的高层住宅区旁。

基地条件：基地位于成都市二环与三环间的高层住宅区旁，详见附图。图中网络为 30 m×30 m。

（1）设计要求

①适应社区儿童自然教育、自然体验活动及家长交往等多重功能；

②注意营造自然的环境，并积极采用可持续设计策略；

③图纸比例自定；

④图纸的表达方式、图纸量应以能充分表达出设计构思、总体规划、细部节点等为标准，包括但不限于设计分析图、功能空间分析、视线分析、环境分析；

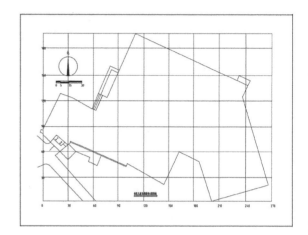

⑤总平面图；

⑥植物配置图（应区分乔木、灌木、地被等）；

⑦局部详细设计若干；

⑧效果图若干，形式表现自定；

⑨设计说明书，300 字左右。

2. 解题分析

（1）定性

儿童公园景观设计。

（2）周边环境分析

区位：成都市二环与三环间的高层住宅区旁。

（3）基地内部现状分析

服务社区儿童和家长等多重功能。

自然教育——景观中的教育功能可以通过自然的植物，植物带来的生态教育功能，以及硬质景观中的补充教育手法，比如指示牌、景墙、象形文字、游戏设施和小品等来实现；

自然体验活动——让儿童在大自然中学习和成长，设置孩子跳跃和翻滚的阳光草地，让孩子倾听大自然声音的树林，通过浅水池、喷泉等让孩子感知生命之源——水；

家长交往——家长休息和照看孩童的场地。

（4）确定主题

考虑儿童的特性，探索未知，童趣，天真等。

3. 步骤详解

①绘制前期泡泡图。

本方案将儿童活动场地根据年龄进行了分化,西面靠近主入口区域为年龄较小的0~3岁儿童的活动区,在东部设置3~6岁幼童的活动区,在北部做6~12岁青少年的活动区,中心区域做适合各年龄层的综合活动区,南部紧靠中心活动区做水上乐园。

②绘制方案形式构思图。

来用圆形和圆弧的构图,辅以折线的构图,体现孩童的思维跳跃性。

③进一步深化,将不同区域的游憩设施内容添加进场地中。

④最后加上植物配置。

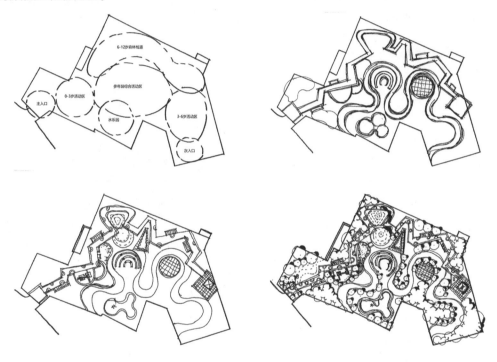

4. 草图方案

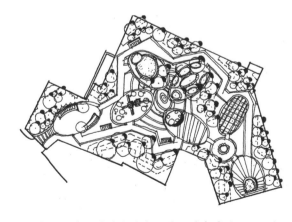

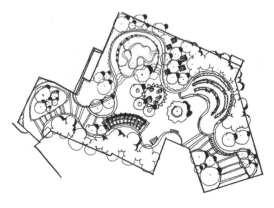

方案一:采用层层台地式设计,对高差的处理比较到位,视线关系为从高往低处观赏。

方案二:中间主要人流通道形式过于对称,显得过于严谨,可以适当打破。

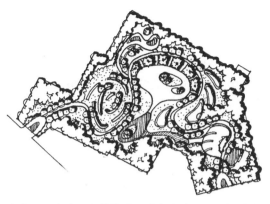

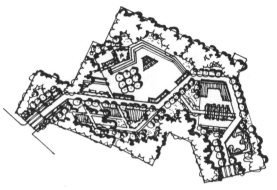

方案三：采用曲线式构图，对高差的处理比较到位，
视线关系为从高往低处观赏。

方案四：该图路网清晰，空间组织较好，疏密得当，
衔接自然。

5. 平面图绘制步骤

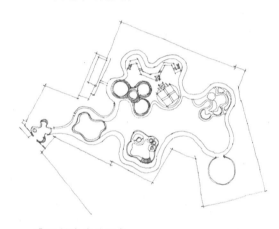

①绘制基础的形式

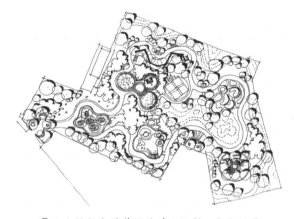

②加上植物和游憩设施并上阴影，完成线稿

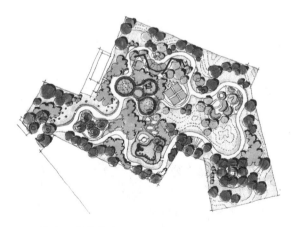

③涂上整体颜色

6. 学生方案展示及点评

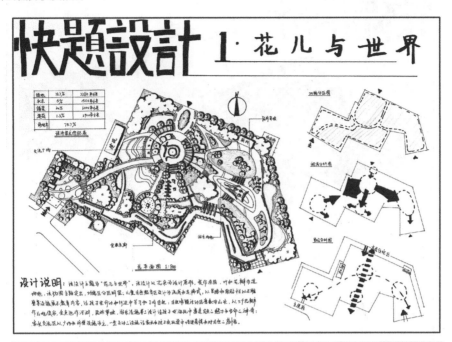

表现手法： 墨线笔＋马克笔
图纸大小： A1 绘图纸
用时： 6 h
题目出处： 西南交通大学

方案点评： 该设计以花朵为设计原型，枝作为道路，叶和花瓣作为道路。该构图主题突出，功能分区明显，入口处通过一条连廊将游客引入，既使得空间富于变化，又可以在这条连廊中进行文化展示，植物的搭配也达到了很好的效果。这是一幅高分快题作品。

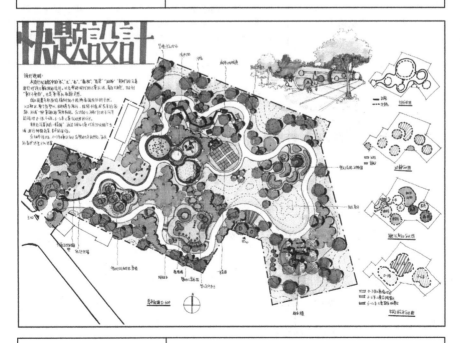

表现手法： 墨线笔＋马克笔
图纸大小： A1 绘图纸
用时： 6 h
题目出处： 西南交通大学

方案点评： 该设计方案采用造坡植物这一手段隔离园外的干扰。入口处以蝴蝶为整体造型，园路环绕，呈花朵状轮廓，形成一种童趣的简单构图。整个设计在功能上满足了不同年龄段儿童的需要，色彩也十分准确地传递了儿童乐园的信息。这是一幅十分优秀的快题作品。

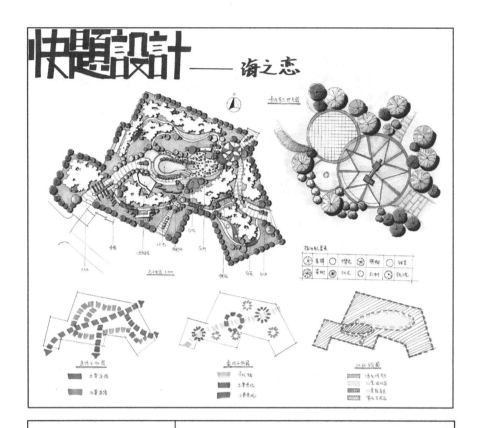

表现手法: 墨线笔 + 马克笔 图纸大小: A1 绘图纸 用时: 6 h 题目出处: 西南交通大学	方案点评: 该方案设计来源于孩童对于大海、沙滩、贝壳、海洋生物的向往。整个快题构图完整, 以自然式构图的形式, 使空间丰富多变, 树木配置合理, 功能设施也基本满足需求, 道路系统清晰, 主干道明确, 方案的细节处理, 也做得比较合理。总体来说, 这是一个不错的方案。

9.4.4 高差绿地公园景观设计

1. 题目

为美化城市景观, 改善城市生活质量, 某城市(地方自选)拟对市区某丘陵山地临城市道路布局地段进行景观改造, 拟建一开放式公园绿地, 本次计划建设的基地情况及方案规划设计如下。

本次列入改造的一块地段位于城市建成区域, 基地南侧为城市干道, 东侧、西侧及北侧紧邻山体, 基地内有一水体。面积约10 000 m²。(具体详见附图)

(1)设计要求

①尽可能利用现状地形及周围环境条件, 规划方案要求做到既符合城市形象需求, 同时又具有现

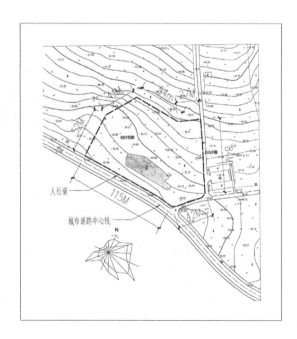

实开发可行性，同时考虑与山体景观的融合，可操作性强；

②功能合理、环境优美；

③主题突出，风格明显，体现地方文化特色；

④营造舒适、美观的环境，满足各类人群的休闲、游憩与活动的需求；

⑤入口自定，需设置于东侧步行通道与登山通道相连，位置根据现状自定；

⑥其他规划设计条件（建筑、水系、小品等）自定。绿地率满足公园设计规范。

（2）图纸内容与要求

①总平面图，要求标注入口、主要景点与设施，比例自定；

②景观功能分区分析示意、交通组织分析示意及景观视线分析示意，以及竖向设计图，比例大小自定

（注：以上分析图纸可根据情况合并绘制，也可单独绘制）

③完成不小于 A4 图纸尺寸整体效果图。

2. 解题分析

（1）定性

丘陵山地改造为公园。

（2）周边环境分析

区位条件：基地南侧为城市干道，东侧、西侧及北侧紧邻山体。

（3）基地内部现状分析

地形：场地最高的北面的高程为 38.51 m，南部高程为 32.26 m，呈现为从北向南的丘陵地，需要考虑高差的消化方式，台阶还是坡道，需要计算合理性。

水文：基地内有一水体。面积约 10 000 m²。

（4）功能性分析

供各种人群休闲的功能：健身步道、安静休息亭廊、生态氧吧、滨水观景区和观景台等。

当地文化：处处皆可体现。

（5）确定主题

当地文化和山水等。

3. 步骤详解

①绘制前期泡泡图。

南部主入口区，水塘位置做中心观景区，远离城市道路的北面适合做安静休息区，临近城市道路的边缘做密林区，设立隔离噪声和污染的生态隔离带，在连接登山路的地方做次入口。

②绘制方案形式构思图。

以设计的合理性为前提进行道路布局，采用传统的 Z 字形盘山路。

③进一步深入铺装形式，考虑视线关系而进行植物配置。

④细化铺装样式，加上投影。

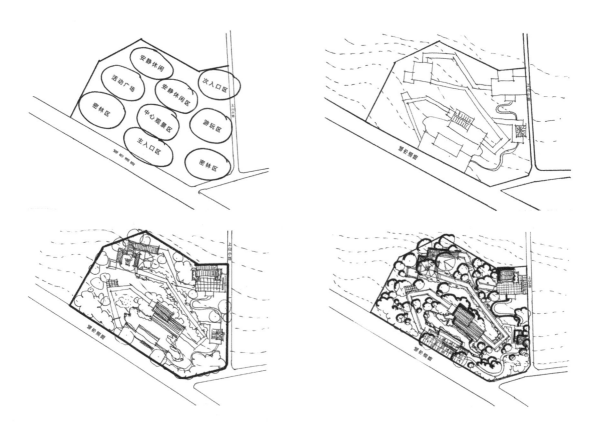

4. 草图方案

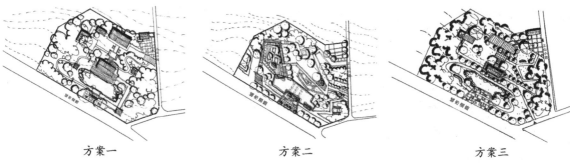

方案一　　　　　　　　　　　方案二　　　　　　　　　　　方案三

方案四

方案一： 采用中轴对称的布局，模仿中国古典园林的设计，传承古典文化。

方案二： 折线构图，设计大方，但西部场地过大，对场地的地形改动过大。

方案三： 采用大坡道方式消化高差，需要坡度计算后再作调整。

方案四： 坡道和台阶的结合，坡道形式不错。

5. 学生方案展示及点评

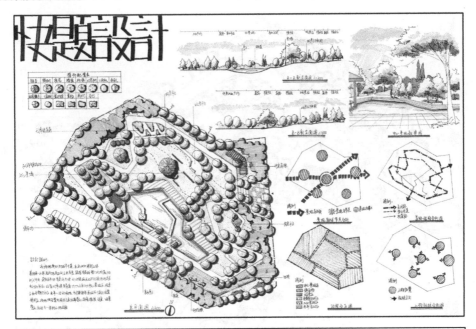

表现手法：墨线笔＋马克笔	方案点评：该方案采用折线进行整体的构图，在构图的整体性
图纸大小：A2 绘图纸	上把控得相对较好。但是在方案原有地形的考量上，对场地的
用时：3 h	地形改动过大，没有合理考虑地形的高差，构筑上存在一定的
题目出处：南京林业大学	问题。植物的配置搭配丰富，利用植物造景形成了不同的空间
	层次。整体图面的表达良好。这是一幅较好的快题作品。

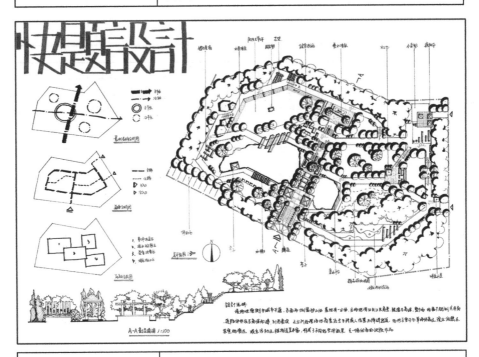

表现手法：墨线笔＋马克笔	方案点评：该方案在整体布局上整体性强。在该方案的中轴线
图纸大小：A2 绘图纸	上，采用对称的布局，模仿中国古典园林的设计，传承古典文化。
用时：3 h	利用阶梯的延伸的手法来消化坡度的高差。利用植物的搭配营
题目出处：南京林业大学	造不同的空间，满足各类人群的使用要求。在竖向的结构层次
	上相对丰富。这是一个优秀的快题方案。

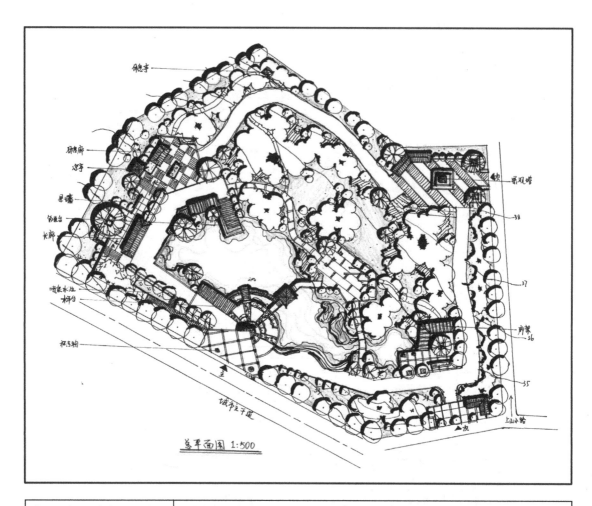

总平面图 1:500

表现手法：墨线笔＋马克笔 图纸大小：A2 绘图纸 用时：3 h 题目出处：南京林业大学	方案点评：该方案是一个高差极大的场地，不适合把它当作平地进行规划造景，该方案充分考虑了现状高差，道路按照现有等高线进行布置，在原地形最高处合理地设置了平台节点，植物造景丰富，形成了不同的空间效果。这是一幅优秀的快题作品。